산나물 들나물 대백과사전

장호일 엮음

나물 채취법

독초 구별법

간단한 조리법

21세기사

이 도서의 국립중앙도서관 출판예정도서목록(CIP)은 서지정보유통지원시스템 홈페이지(http://seoji.nl.go.kr)와
국가자료공동목록시스템(http://www.nl.go.kr/kolisnet)에서 이용하실 수 있습니다. (CIP제어번호: CIP2017013649)

산나물 · 들나물의 올바른 채취방법

- 가급적 경험자가 아닌 개인이 채취하여 섭취하지 않는다.

- 채취시, 반드시 경험이 있는 사람과 동행하여 산나물에 대한 지식을 충분히 익히고, 필요한 양만큼만 채취한다.

- 닮은 독초를 식용으로 오인할 수 있으므로 확실하지 않은 것은 채취하지 않는다.

- 성장할수록 독성분이 강하게 나타날 수 있으므로 어린순을 채취한다.

- 올바른 조리방법을 반드시 확인하고 섭취한다.

식용으로 오인하기 쉬운 식물, 독초의 구별법 및 주의사항

- 봄철 야산이나 등산로 주변에서 자생하는 야생식물류를 산나물로 오인하여 섭취하거나 원추리 등 식용나물을 잘못 조리하거나 비식용부위를 섭취함으로 인한 식중독 사고가 발생할 우려가 있어 각별한 주의가 필요하다고 당부하였다.

- 특히 봄철에 야생식물류에 의한 식중독 사고는 주로 4~5월에 발생하고 있으며, 전문가가 아닌 일반인들은 독초와 산나물의 구별이 쉽지 않으므로 산에서 직접 산나물을 채취하여 섭취하지 말아야 한다.

- 일반인들이 야생식물을 산나물로 오인하는 대표적인 식물류로는 여로, 동의나물, 자리공 등이 있다.

- 독초인 여로는 잎에 털이 많고 잎맥이 나란히 뻗어 잎맥 사이에 깊은 주름이 있어 잎에 털과 주름이 없는 원추리와 구별되고, 동의나물의 경우 잎이 두껍고 표면에 광택이 있어 부드러운 털로 덮혀 있는 곰취잎과 구별되는 특징이 있다.

- 식용가능한 산나물 중에서는 원추리, 두릅, 다래순, 고사리 등의 경우 고유의 독성분을 미량 함유하고 있어 반드시 끓는 물에 데쳐 독성분을 제거한 후 섭취하여야 한다.

※ 원추리는 자랄수록 콜히친(Colchicine)이라는 물질이 많아져 독성이 강해지므로 어린순만 채취하여 충분히 데쳐서 섭취

- 독초를 섭취 후 응급 처치 요령으로는 설사나 복통, 구토, 어지러움, 경련, 호흡곤란 등의 증세가 나타나면 즉시 손가락을 목에 넣어 먹은 내용물을 토하게 한 후 가까운 병원 등에서 치료를 받아야 한다. 토한 후에는 뜨거운 물을 마시게 하고, 병원으로 이동할 때에는 먹고 남은 독초를 함께 가져가는 것이 좋다.

- 산나물에 대한 충분한 지식이 없는 경우 야생식물류를 함부로 채취하지 말 것과 식용 가능한 산나물도 주의하여 섭취하는 등 산나물의 올바른 섭취방법을 확인·준수해야 한다.

산나물 닮은 독초의 종류 및 구별법

산나물	독초

원추리 털과 주름이 없음	**여로(독초)** 잎에 털이 많으며 길고 넓은 잎은 대나무 잎처럼 나란히 맥이 많고 주름이 깊음

산마늘 마늘냄새가 강하고 한 줄기에 2~3장 잎이 달림	**박새(독초)** 잎의 아랫부분은 줄기를 감싸고 여러 장이 촘촘히 어긋나며, 가장자리에 털이 있고 큰잎은 맥이 많고 주름이 뚜렷함

곰취 잎이 부드럽고 고운털이 있음	**동의나물(독초)** 주로 습지에서 자라며 둥근 심장형으로 잎은 두꺼우며 앞뒷면에 광택이 있음

산나물	독초

참당귀
잎은 오리발의 물갈퀴처럼 붙이 있고 뿌리와 연결되는 줄기 하단부의 색상이 흰색이며 꽃은 붉은색임

지리강활(개당귀, 독초)
잎이 각각 독립되어 있고 뿌리와 연결되는 줄기 하단부의 색상이 붉으며 꽃은 흰색임

우산나물
잎이 2열로 깊게 갈라짐

삿갓나물(독초)
가장자리가 갈라지지 않은 잎이 6~8장 돌려남

진달래
꽃이 잎보다 먼저 피고 개화시기가 개나리와 유사함

철쭉(독초)
잎이 먼저 나오고 꽃이 피거나 꽃과 잎이 함께 피며 일반적으로 진달래보다 개화시기가 늦음

그밖에 주의해야 할 독초의 종류

초오(투구꽃)

천남성

박태기나무꽃

자리공

각시투구꽃

은방울꽃

디기탈리스

동의나물꽃

애기똥풀꽃

삿갓나물꽃

차례

들나물

차례

산나물

가는기린초

잎은 좁고 긴 타원형이고 가장자리에 둔한 톱니가 있으며 양면에 털이 없고 육
질이다. 열매는 5개가 별처럼 배열되었으며 달걀모양이고 8~9월에 성숙한다.
꽃은 7~8월에 피며 많은 꽃이 달리고 줄기는 1~2개의 줄기가 나와 곧게 서며
높이 20~50cm정도 자라고 전체에 털이 없다. 뿌리는 짧고 굵다.

이용방법

가볍게 데쳐서 나물로 해서 먹으면 담백한 맛이 난다.

각시둥글레

잎은 어긋나기하고 긴 타원형 둔두이며 뒷면 맥위에 잔돌기같은 털이 있다. 열매는 둥글고 흑색으로 익는다. 꽃은 5~6월에 피고 누른 빛과 푸른 빛이 도는 백색이며 원줄기는 곧추 자라고 능각이 있다.뿌리는 끈같은 땅속줄기가 옆으로 뻗으면서 번식한다.

연한 부분을 나물로 하고 줄기와 잎은 말려서 차로 음용한다.

각시원추리

잎은 밑에서 마주나기하여 서로 얼싸안고 윗부분이 활처럼 뒤로 처진다. 열매는 넓은 타원형으로 익으면 배면에서 갈라진다. 종자는 흑색이고 광택이 있다. 꽃은 6~7월에 피며 아침에 피고 저녁에 진다. 뿌리는 근경이 없다.

이용방법

어린싹을 국에 넣어 먹거나 데쳐서 나물로 식용한다. 꽃은 국이나 스프용(중화요리)재료로 사용한다.

갈퀴나물

잎은 긴 타원형 또는 피침형이며 끝에 돌기가 약간 있고 양면에 털이 성글게 있거나 없고 열매는 납작한 긴 타원형이며 2~4개의 검고 둥근 종자가 들어있으며 8~9월에 성숙한다. 꽃은 6~9월에 피고 홍자색이고 포가 작다. 줄기는 덩굴성이고 능선이 있어 네모지고 잎 뒷면과 더불어 잔털이 있거나 없다. 땅속줄기가 뻗으면서 번식한다.

이용방법

4월경에 어린순을 나물로 해먹으면 부드럽고 맛이 좋다.

31

강활

잎은 어긋나기하고 타원형 또는 달걀모양이며 열매는 타원형으로 변두리에 넓은 날개가 있다. 꽃은 8~9월에 피고 백색이다. 줄기는 묏미나리와 비슷하지만 윗부분에서 가지가 갈라진다. 자주빛의 줄기는 한 개 또는 여러 개가 생긴다. 원뿌리는 썩어 없어져도 옆에 싹이 생겨서 다시 자란다.

이용방법

봄에 어린순을 나물로 먹는다. 쓴맛이 강하므로 끓는 물로 데친 후 찬물로 여러번 우려낸 다음 식용한다.

개구릿대

잎은 긴 타원형 또는 좁은 달걀모양이며 짙은 녹색이다. 열매는 타원형이고 8~9월에 익는다. 꽃은 백색으로 8월에 피며 꽃자루는 40~60개로서 길이 5~15mm이며 암술대는 길이 1mm정도이다. 꽃부리는 작으며 5개의 꽃잎은 안으로 굽고 수술은 5개이며 씨방은 하위로서 1개이다. 줄기는 높이 1~2m이고 줄기는 속이 비고 털이 없으며 흔히 자줏빛이고 길다.

이용방법

봄에 어린순을 나물로 먹는다. 매운맛이 있으므로 데친 후 찬물로 여러번 헹궈내야 한다.

개미취

잎은 꽃이 필 때 없어지며 달걀모양 또는 긴 타원형이며 가장자리에 날카로운 톱니가 있다. 열매는 길이 3mm정도로서 털이 있고 10~11월에 익는다. 꽃은 7~10월에 피며 하늘색이다. 줄기는 높이 1~1.5m달하고 윗부분에서 가지가 갈라지며 짧은 털이 있다. 뿌리는 근경이 짧으며 옆으로 길게 뻗으면서 마디에서 새싹이 돋아난다.

이용방법

쓴맛이 강하므로 데쳐서 여러 날 흐르는 물에 우려낸 다음 묵나물로 만들어 두었다가 요리한다.

개시호

잎은 이열로 어긋나고 넓은 피침형 또는 긴 타원형이다. 열매는 분과로 긴 타원형이며 길이 3.5~4mm로서 능선이 있다. 꽃은 황색으로 7~8월에 핀다. 줄기는 높이 40~150cm이고 전체에 털이 없으며 곧게 자라고 윗부분에서 가지가 갈라진다.

어린 잎과 순을 나물로 식용한다.

39

고려엉겅퀴(곤드레나물)

잎은 꽃이 필 때는 말라죽는다. 줄기잎은 어긋나기하며 달걀모양 또는 타원상 피침형이며 수과는 긴 타원형이고 관모는 갈색이다. 꽃은 7~10월에 피고 자주 색 이며 줄기는 높이가 1m에 달하며 곧게 서고 상부에서 많은 가지가 갈라진다. 뿌리가 곧다.

이용방법

4~5월에 연한 순과 잎을 나물로 먹는다. 겨자무침이나 기름에 볶아 식용한다. 순한맛이 나며 입맛을 돋우어 준다.

고비

어린 잎은 나선형으로 꾸부러져 나오며 적색 바탕에 백색의 면모로 덮여 있고 엽병은 주맥과 더불어 광택이 나며 처음에는 적갈색 털로 덮여 있지만 커지면서 곧 없어진다. 포자는 생식잎의 잔깃조각은 선형으로 되어 포자낭이 밀착한다. 줄기는 근경에서 여러 대가 나와 높이 60~100cm정도 자란다. 뿌리는 주먹 같은 근경이 있으며 많은 잔뿌리가 있다.

이용방법

4월 하순부터 5월 중순까지 자란 어린 잎줄기를 나물로 먹는다.

43

고사리

잎은 길이 20~80cm로서 연한 볏짚색이며 우편 밑을 제외하고는 털이 없으나 땅에 묻힌 밑부분은 흑갈색이고 털이 있으며 곧게 선다. 열매는 적갈색의 낭퇴는 잎 뒷면의 가장자리가 뒤로 말려서 생긴 포막으로 싸여 있다. 뿌리는 연필 크기만하고 단단하며 황록색으로 매끈하며 아래는 검은색으로 통통하다.

이용방법

나물로 무쳐먹고 육개장이나 빈대떡을 부쳐먹기도 한다. 말린 것을 쓸 때에는 삶거나 더운 물에 담가 불려낸 다음 손으로 잘 주물러 찬물에 헹구어 요리한다. 생고사리는 떫은맛이 매우 강하므로 반드시 데쳐서 사용해야 한다.

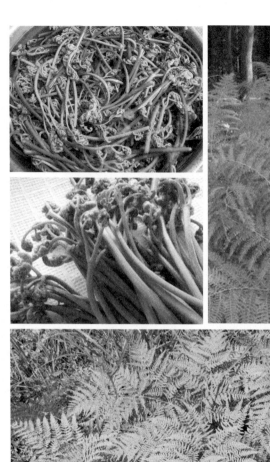

고추냉이

잎은 심장형이며 모여나기하고 가장자리에 불규칙하게 잔 톱니가 있다. 꽃은
5~6월에 흰 꽃이 총상꽃차례를 이루며 핀다. 열매는 견과로 약간 굽었고 끝이
부리처럼 생겼다. 줄기는 굵은 원주형의 땅속줄기에 엽적이 많이 남아 있다. 땅
속줄기는 굵다.

이용방법

생선회와 같이 먹으면 살균효과도 있고 생선회 조직의 맛이 살아난다.

곰취

잎은 길이가 85cm에 달하는 것이 있으며 콩팥모양이다. 열매는 길이가 6.5~11mm이며, 원통형이고 종선이 있다. 꽃은 7~9월에 피며 지름 4~5cm로서 황색이다. 줄기는 높이 1~2m 정도 자란다. 줄기는 곧게 서며 홈줄이 있고 담갈색의 거미줄털이 밀생한다. 뿌리는 굵은 근경이 있으며, 사방으로 뿌리가 뻗어 있다.

이용방법

어린잎을 나물이나 쌈으로 먹는다. 묵나물로 두었다가 필요에 따라 요리한다. 쌈으로 먹을 때는 살짝 데쳐서 찬물에 잠시 우렸다가 물기를 뺀 다음 식용한다.

49

금낭화

잎은 어긋나기하고 열편은 도란상 쐐기모양이고, 끝에 결각이 있다. 열매는 긴 타원모양의 삭과로서 1~2cm이다. 종자는 검고 광택이 난다. 꽃은 5~6월에 피며 연한 홍색이고 줄기는 높이 40~50cm이며 연한 줄기는 곧게 서서 자라고 전체가 흰빛이 도는 녹색이며 흰 가루를 쓰고 있는 듯이 보인다. 뿌리는 굵은 육질로 깊게 뻗는다.

이용방법

어린 식물체를 채취하여 삶아서 말린 후 묵나물로 이용한다.

기린초

잎은 어긋나기하고 거꿀달걀모양 또는 넓은 거꿀피침모양이다. 열매는 골돌과로서 5개이며 별모양이다. 꽃은 6~7월에 피며 5수이고 원줄기 끝에 달려 황색꽃이 핀다. 원줄기는 곧게 서고 줄기는 모여나며 원주형으로 녹색이다. 뿌리가 굵으며 잔뿌리가 보통으로 나 있다.

이용방법

연한 어린 순은 식용하는데 주로 4월 중에 채취하여 가볍게 데쳐서 나물로 먹으면 맛이 대단히 담백하다.

53

까실쑥부쟁이

잎은 꽃이 필 때 쓰러지고 줄기잎은 어긋나기하며 긴 타원상 피침형이다. 열매는 타원형이고 털이 있으며 9~10월에 익는다. 꽃은 8~10월에 피고 자주색이며 원줄기 끝에핀다. 줄기는 높이가 1m에 달하고 줄기는 곧게서며 때로는 붉은빛을 띠고 털이 있거나 없으며 윗부분에서 가지가 갈라지며 거칠다. 뿌리는 근경이 가로 뻗으면서 번식하여 군집을 이룬다.

이용방법

어린순을 나물로 먹거나 튀겨서 먹는다. 데쳐서 잘게 썰어 쌀과 섞어 나물밥으로 해서 먹기도 한다.

꼭두서니

잎은 4개씩 돌려나기하지만 그 중 2개는 정상엽이며 2개는 탁엽이고 심장형 또는 긴 달걀모양이다. 열매는 장과로서 구형이며 2개씩 달리고 털이 없으며 검게 익는다. 꽃은 7~8월에 피며 연한 황색이며 잎겨드랑이와 원줄기 끝에 핀다. 줄기는 덩굴식물로 길이가 1m에 달하고 원줄기는 네모지며 능선에 밑을 향한 짧은 가시가 있다. 수염뿌리는 비대하며 전초라 한다.

어린순은 나물을 먹는다. 쓴맛이 강하므로 데쳐서 하루 이틀정도 물에 잘 우려낸 다음 식용한다.

57

꿩의다리아재비

잎은 근경 윗부분에서 2개의 잎이 어긋나기하며 긴타원모양 또는 타원상 피침형
이다. 열매가 파열되어 종자가 노출된 상태로 성장하므로 종자가 열매같이 보인
다. 꽃은 6~7월에 원줄기 끝에 원뿔모양꽃차례가 달리고 많은 꽃이 피며 꽃은
녹황색이고 화경이 있다. 줄기는 전체에 털이 없고 분빛이 도는 분백이고 줄기
가 곧게 선다. 뿌리는 비후하고 수염뿌리가 많다.

이용방법

어린잎과 줄기는 데쳐서 나물로 이용한다.

59

날개하늘나리

잎은 어긋나기하고 피침형이고 3~5개의 잎맥은 가장자리와 더불어 잔돌기가 있다. 열매는 삭과로 길이 4~5cm이고 좁은 거꿀달걀 모양이며 곧게 선다. 꽃은 7~8월에 피고 황적색 바탕에 자주색 반점이 있다. 줄기는 높이가 20~90cm이다. 비늘줄기는 지름 3~5cm이고 가지가 옆으로 뻗기도 하며 비늘조각의 중앙 윗부분에 환절이 있다.

이용방법

비늘줄기를 나물로 식용한다.

61

단풍취

잎은 원줄기 중앙에 돌려나기한 것처럼 달리고 원형이며 꽃은 7~9월에 피고 백색이며 열매는 넓은 타원형이며 갈색 또는 자줏빛이 도는 갈색이다. 줄기는 높이 35~80cm이고 가지가 없으며 곧게 서고 긴 갈색 털이 드물게 있다.

이용방법

연한 잎을 따다가 데쳐서 나물로 먹는다. 맛이 담백하고 특이한 향취가 있다.

더덕

잎은 어긋나기하며 피침형 또는 긴타원형이며 양끝이 좁고 표면은 녹색이고 뒷면은 분백색이며 가장자리가 밋밋하다. 삭과로서 원뿔모양이고 숙존악이 있다. 꽃은 8~9월에 피고 끝이 뾰족하고 녹색이다. 줄기는 길이 2m로서 보통 털이 없고 자르면 유액(乳液)이 나온다. 덩이뿌리는 비대하며 방추형이다.

이용방법

껍질을 벗긴 뒤 찬물에 담가 쓴맛을 우려낸 다음 고추장을 발라 구워 먹는다. 고추장 속에 박아 장아찌를 담기도 한다.

65

도라지

아랫잎은 마주나기하나 윗잎은 어긋나기하거나 3엽이 돌려나기한다. 잎은 긴 달걀모양 또는 넓은 피침형이고 삭과는 거꿀달걀모양이고 꽃받침열편이 달려 있으며 포간으로 갈라진다. 꽃은 7~8월에 피고 하늘색 또는 백색이며 줄기는 높이 40~100cm이고 줄기를 자르면 백색의 유액이 나온다. 다육성의 덩이뿌리로 되어 있다.

이용방법

가늘게 쪼개 물에 담가서 우려낸 다음 데쳐서 나물로 해서 먹는다.

67

독활(땅두릅)

잎은 어긋나기하고 어릴 때는 연한 갈색 털이 있다. 열매는 장과로서 소구형(小球形)이고 9~10월에 검게 익는다. 꽃은 7~8월에 피며 줄기는 높이가 1.5m에 달하며 꽃을 제외한 전체에 짧은 털이 드문드문 있고 엉성하게 가지를 진다. 땅속의 근경은 괴상으로 굵고 섬유가 많은 육질이며 독활(獨活)이라 한다.

이용방법

어린순을 나물로 해서 먹거나 국거리로 한다. 어린순을 튀김으로 해서 먹기도 한다.

두릅나무

잎은 어긋나기하고 가시가 있고 맥 위에 털이 있다. 꽃은 6월말~8월말에 피고 열매는 장과상 핵과로 둥글고 검은색이며 9월 중순~10월 중순에 성숙한다. 줄기는 높이 3~4m이고 가지에 가시 같은 돌기가 발달하였고 털이 많고, 굳센 가시가 많다.

이용방법

봄에 돋아나는 순을 따다가 살짝 데쳐서 초고추장에 찍어 먹는다. 약간 자란 것은 장아찌를 담아 먹기도 한다.

둥근잔대

잎은 어긋나기하여 촘촘히 달리며 원상 달걀모양 또는 원형이고 꽃은 8월에 피며 하늘색이고 줄기는 높이가 15cm에 달하고 뿌리 상단에서 많은 원줄기가 나와 모여나기하며 능선이 있고 털이 거의 없다. 뿌리는 굵은 뿌리가 땅속 깊이 뻗어있다.

이용방법

어리고 연한 순을 나물로 해 먹는다.

73

둥굴레

잎은 대나무와 유사하다. 어긋나기엽은 한쪽으로 치우쳐서 퍼지며 긴 타원형이고 길이 5~10㎝, 폭 2~5㎝로서 엽병이 없다. 열매는 꽃이 지면 둥근 장과를 맺으며 9~10월경에 흑숙(黑熟)한다. 꽃은 6~7월에 피며 밑부분은 백색 윗부분은 녹색이며 뿌리는 대나무처럼 옆으로 뻗으며 굵은 육질로 황백색을 띠고 단맛이 있다. 근경에 수염뿌리가 난다.

이용방법

어린순을 가볍게 데쳐서 한 차례 찬물로 헹군 다음에 나물로 이용한다. 뿌리줄기는 된장이나 고추장 속에 박아 장아찌로 담가 먹는다.

등갈퀴나물

잎은 어긋나기하며 끝에 여러 갈래의 덩굴손이 있다. 열매는 긴타원모양으로서 길이 2~3cm, 넓이 6~7mm로서 다소 부풀고 털이 없으며 흔히 5개의 종자가 들어 있다. 꽃은 6월에 피며 남자색 이고 줄기는 길이 80~150cm정도 자라고 원줄기에 능선과 더불어 잔털이 있다. 뿌리가 길게 뻗으면서 번식한다.

이용방법

꽃이 피기 전까지는 연한 순을 나물로 하거나 국에 넣어 이용한다.

마

잎은 대개 자주색을 띠며 마주나거나 또는 돌려나기도하고 열매는 삭과로서 3
개의 날개모양이고 원익(圓翼)의 종자가 있다. 꽃은 6~7월에 피며 백색이고 줄
기는 자주색을 띠고 가늘고 길며 가지가 성기게 갈라지고 모가 진다. 덩이뿌리
는 해마다 새것과 묵은 것이 바뀌어져서 연질이고 백색이며 점활(粘滑)하다.

이용방법

덩이뿌리를 강판에 갈아서 달걀 노른자와 약간의 간장을 곁들여 먹는다.

만삼

잎은 어긋나기하지만 짧은 가지에서는 마주나기하고 달걀모양 또는 난상 타원형이며 삭과는 편원뿔모양이며 꽃받침이 숙존하고 9~10월에 익고 꽃은 7~8월에 피며 자주색이고 덩굴줄기는 다른 물체에 감아 오른다. 전체에 털이 있고 자르면 유액이 나온다. 땅속줄기는 곤봉 모양이고 겉이 황갈색을 띤다.

봄에 연한 순을 나물로 무치거나 쌈으로 먹는다. 가을과 이른 봄에 뿌리를 캐서 고추장무침, 구이, 장아찌 등을 담아 이용한다.

81

말나리

잎은 윤생엽과 줄기잎이 있으며 윤생엽은 긴 타원형 또는 도란상 타원형이고 삭과의 열매는 난상 타원형이다. 꽃은 7월에 피고 황적색이며 안쪽에 짙은 자갈색 반점이 있다. 줄기는 높이 80cm정도이고 곧추서며 털이 없다. 비늘줄기는 둥글고 흰색이며 반점이 있다. 비늘줄기의 비늘조각에 환절이 있다.

이용방법

비늘줄기를 쪄서 먹으며 어린잎은 데쳐서 우려낸 다음 나물로 조리한다.

모시대

잎은 어긋나기하며 밑부분의 것은 엽병이 길고 달걀모양 심장형, 달걀모양 또는 넓은 피침형이며 열매는 타원형의 삭과가 결실한다. 꽃은 8~9월에 피고 자주색이며 줄기는 높이 40~100cm이다. 뿌리가 굵다.

이용방법

어린순을 나물로 먹고 뿌리는 봄가을에 캐어서 삶아 먹거나 날것을 된장이나 고추장 속에 박아 장아찌로 담가 먹는다.

85

물쑥

밑부분의 잎은 꽃이 필 때쯤되면 없어지며 열매는 타원형으로 갈색이며 9~10월에 익는다. 꽃은 8~9월에 연한 황갈색으로 피며 줄기 높이가 120cm에 달하고 줄기는 곧게서며 담록색 또는 홍자색을 띠고 털이 없이 매끈하다. 땅속줄기가 옆으로 길게 뻗으면서 번식하여 군집을 이룬다.

이른 봄에 어린싹을 뿌리와 함께 채취하여 나물로 하거나 묵과 함께 무쳐 먹는다. 약간의 쓴맛이 있으므로 데친 뒤 잠시 우렸다가 요리하는 것이 좋다.

미역취

잎은 꽃이 필 때 쓰러지고 줄기잎은 표면에 털이 약간 있고 뒷면에 털이 없으며 수과는 원통형이고 털이 약간 있거나 없으며 꽃은 7~10월에 피며 황색이며 줄기는 높이 35~85cm이고 윗부분에서 가지가 갈라지며 잔털이 있다. 가는 수염뿌리가 사방으로 뻗어가며 자란다.

봄에 땅을 덮고 있는 잎을 캐어 나물로 해먹는다. 쓴맛이 강하므로 데친 뒤 잘 우려서 말려나물로 먹는다.

89

바위취

잎은 근경에서 모여나기하고 콩팥모양이며 삭과는 난상 원형이고 길이 4~5mm
로서 2개로 얕게 갈라지며 종자는 달걀모양이고 사마귀같은 돌기가 있다. 꽃은
5월에 피며 백색이고 줄기는 전체에 적갈색 긴 털이 밀포되고 잎이 없는 가는줄
기 끝에서 새싹을 형성하여 번식한다. 짧은 근경에서 잎이 모여나기한다.

이용방법

6~7월경에 잎을 따서 쌈으로 해서 먹는다. 또한 밀가루를 입혀 튀김으로 할수있고 잎줄기는
살짝 데쳐서 나물로 하거나 기름으로 볶아서 먹는다.

박쥐나물

잎은 어긋나기하고 뒷면에 짧은 털이 있고 잎은 길이 9~13cm로 보통 날개가 있다. 꽃은 7~9월에 백색으로 피고 줄기 끝에 많은 머리모양꽃차례가 원뿔모양 꽃차례로 달린다. 열매는 선형으로 길이 5~6mm이고 종선이 있으며 관모는 길이 7mm로 백색 또는 오백색이다. 줄기는 높이 1~2m이다.

이용방법

봄에 어린잎을 따다가 데쳐서 우려낸 다음 나물로 먹거나 쌈을 싸서 먹는다.

봄맞이

모든 잎이 뿌리에서 나와 지면으로 퍼지고 삭과는 둥글며 지름 4mm로 5월에 익어 5조각으로 갈라져 많은 종자를 떨어낸다. 꽃은 4~5월에 피고 백색이며 줄기 전체에 흰털이 있다.

이용방법

봄에 어린식물을 식용으로 이용한다.

95

비비추

잎이 모두 뿌리에서 돋아 비스듬히 퍼진다. 잎은 난상 심장형 또는 타원상 달걀 모양이고 삭과는 비스듬히 서며 긴 타원형이고 3개로 갈라진다. 꽃은 7~8월에 피고 줄기는 잎과 따로 구분되진 않는다. 많은 뿌리가 사방으로 뻗어 있다.

이용방법

어린순과 잎을 살짝 데쳐 무쳐먹는다. 묵나물로 사용하거나 된장국거리로 이용한다.

산달래

잎은 2~9개이고 선형으로 길이 20~30cm, 나비 2~3mm이며 꽃은 5~6월에 백색 또는 연한 홍색으로 피고 열매는 삭과이다. 비늘줄기는 구형으로 지름 1.2~1.5cm이고 포지 끝에 새로운 비늘줄기가 생기며 백색 막질로 덮여 있다.

이용방법

잎과 알뿌리에서 마늘과 흡사한 냄새를 풍긴다. 이른 봄에 알뿌리와 잎을 함께 생채로 해서 먹는다.

99

산마늘

잎은 넓고 크며 타원형 또는 좁은 타원형이고 열매는 삭과로 거꾸로 된 심장모양이고 8~9월에 익는다. 꽃은 5~7월에 피며 높이 40~70cm의 꽃대 끝에 우상모양꽃차례로 달린다. 비늘줄기는 피침형이고 길이 4~7cm이며 그물같은 섬유로 덮여 있으며 갈색이 돈다.

이용방법

알뿌리는 1년 내내 기름에 볶거나 튀김으로 해서 먹는다. 잎은 6월경까지 나물 또는 쌈으로 먹는다.

101

산부추

잎은 2~5mm정도의 가는 잎 2~3개가 위로 퍼진다. 흰색이 도는 초록색으로 단면은 삼각형이다. 꽃은 8~9월에 홍자색으로 꽃대 끝에 산형으로 동그랗게 달린다. 열매는 삭과이다. 줄기 높이는 30~60cm이다.

이용방법

이른 봄에 갓 자라난 어린잎을 알뿌리와 함께 캐어 생채로 해서 먹는다.

삼지구엽초

근생엽은 엽병이 길고 원줄기에 1~2개의 잎이 어긋나기하고 3개씩 2회 갈라진다. 열매는 골돌로서 길이 10~13mm, 지름 5~6mm이다. 꽃은 4~5월에 피고 황백색이며 줄기는 높이가 30cm에 달하고 줄기는 보통 모여나고 곧게 자라며 원줄기 밑을 비늘 같은 잎이 둘러 싼다. 근경은 단단하고 옆으로 뻗으며 잔뿌리가 많이 달리고 꾸불꾸불하다.

이용방법

봄에 어린잎과 꽃을 따다가 나물로 해 먹는다.

105

삽주

근생엽과 밑부분의 잎은 꽃이 필 때 없어지고 줄기잎은 긴 타원형, 도란상 긴 타원형 또는 타원형이며 수과는 길며 털이 있고 타원형이며 9~10월에 익는다. 꽃은 이가화로서 7~10월에 피며 백색 또는 홍색이고 줄기는 높이가 30~100cm에 달하고 경질(硬質)이며 상부는 가지가 갈라진다. 근경을 창출(蒼朮)이라고 한다.

이용방법

어린순은 나물로 해 먹는다. 쓴맛이 나므로 데쳐서 여러 번 물을 갈아가면서 잘 우려낸 후 요리한다.

알록제비꽃

잎은 뿌리에서 나오고 달걀모양, 넓은 타원형 또는 심원형이며 삭과는 난상 타원형으로 3개로 갈라지며 잔털이 있다. 꽃은 5월에피고 자주색꽃이 1개씩 달린다. 꽃받침조각은 피침형이고 길이 3~7mm로서 예두이다. 원줄기가 없다.

이용방법

어린식물체는 식용으로 사용한다.

109

어수리

잎은 엽병이 있으며 크고 우상이며 3~5개의 소엽으로 구성되고 뒷면과 엽병에 털이 있다. 열매는 납작한 거꿀달걀모양이며 꽃은 백색으로 7~8월에 피며 높이 70~150cm이고 원줄기는 속이 빈 원주형이며 굵은 가지가 갈라지고 큰 털이 있다. 만주독활(滿洲獨活)이라 한다.

이용방법

봄에 연한 순을 따다가 데친 후 우려낸 다음 나물로 해먹는다.

111

얼레지

잎은 좁은 달걀모양 또는 긴 타원형이고 삭과는 넓은 타원형 또는 구형이고 꽃은 4월에 피며 1개의 꽃이 밑을 향해 달린다. 줄기는 잎과 처음부터 땅에 붙어 나오고, 꽃대가 잎사이에서 나오므로 줄기로 구분되기 어렵다. 비늘줄기는 땅속 25~30cm정도 깊게 들어 있고 한쪽으로 굽은 피침형에 가깝다.

이용방법

알뿌리를 강판으로 갈아 물에 가라앉혀 녹말을 얻어 요리용으로 이용한다. 어린잎은 나물이나 국거리로 사용할 수 있다.

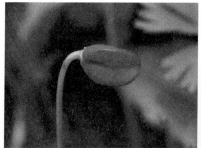

113

오리방풀

잎은 마주나기하고 난상 원형이며 끝이 거북꼬리같고 열매는 길이 약 2mm의 분과는 꽃받침 속에 들어 있다. 꽃은 6~8월에 피며 줄기는 높이 50~100cm이고 줄기는 곧게 서며 네모지고 능선을 따라 밑을 향한 짧은 털이 있으며 밑으로부터 가지가 갈라진다.

이용방법

봄철에 어린싹을 캐어 나물로 무쳐 먹는다. 오리방풀은 대단히 쓴 성분을 함유하고 있어 데친 다음에 흐르는 물에 오래도록 우려낸 다음 요리하는 것이 좋다.

우산나물

첫째 잎은 둥글고 7~9개 장상으로 깊게 갈라지며 둘째 잎은 작으며 엽병도 짧고 열편이 5개 정도이다. 수과는 원통형이며 양끝이 좁고 관모는 오백색(汚白色)이다. 꽃은 6~9월에 피며 줄기는 높이가 70~120cm에 달하고 털이 있으나 없어지며 지하부에 짧은 근경이 옆으로 뻗는다.

이용방법

어린잎을 나물로 먹는다. 약간 좋지 않은 냄새가 나고 쓴맛이 나나 데쳐서 잠깐 우려내면 없어진다.

원추리

잎은 칼처럼 생겼는데 밑에서 2줄로 마주나기하고 끝이 둥글게 뒤로 젖혀지며 흰빛이 도는 녹색이다.삭과는 넓은 타원모양이고 3각으로 벌어지며 꽃은 6~8월경에 피고 등황색이고 줄기는 잎과 따로 구분되지 않고 가늘며 황갈색이고 끝에 가서 부풀어서 방추형의 육질 덩이뿌리가 생긴다.

이용방법

어린순을 나물로 하거나 국에 넣어 먹는다. 달고 감칠맛이 난다. 특히 고깃국에 넣으면 더욱 맛이 좋으며 기름에 볶아 먹어도 좋다.

윤판나물

잎은 긴 타원형이고 끝이 뾰족하며 밑부분이 둥글고 장과는 지름 1cm정도로서 둥글며 흑색이다. 꽃은 4~6월에 피고 줄기는 높이 30~60cm로 원줄기는 윗부분에서 크게 갈라진다. 근경은 짧고 때로는 옆으로 뻗으면서 자란다.

이용방법

봄철에 어린순을 나물로 무쳐 먹거나 국거리로 한다. 둥굴레와 마찬가지로 부드럽고 맛이 달다.

으름덩굴

잎은 새 가지에서는 어긋나기하며, 오래된 가지에서 모여나기하며 손모양겹잎이다. 장과는 긴 타원형이며 10월에 갈색으로 익고 꽃은 암수한그루로 4월 말~5월 중순에 피고 보랏빛의 갈색이 난다. 줄기는 덩굴의 길이가 5m에 달하고 가지에 털이 없으며 갈색이다. 뿌리는 길고 비대해 있으며, 천근성이다.

이용방법

열매를 먹는데 씨를 감싸고 있는 흰 살이 달다. 어린촌은 좋은 국거리나 어린잎을 볶아 말려서 차의 대용으로 한다. 때로는 어린순을 나물로 해먹기도 한다.

일월비비추

잎은 넓은 달걀모양이고 심장저 또는 절저이며 열매는 삭과로 털이 없고 꽃은 8~9월에 피고 자줏빛이 돌며 길이 3.5cm정도의 꽃차례에 옆을 향해 배게 달리고 꽃과 꽃 사이의 간격이 좁아 두상으로 달린 것 같다. 수술은 6개로서 꽃부리와 길이가 비슷하며 수술대는 위로 굽고 털이 없으며 암술머리는 둥글다.

이용방법

잎과 줄기는 생식할 수 있다.

125

잔대

근생엽은 엽병이 길고 거의 원심형이며 꽃이 필 때쯤되면 없어지고 삭과는 끝에 꽃받침이 달린 채로 익으며 술잔 비슷하고 측면의 능선 사이에서 터진다. 꽃은 7~9월에 피고 높이 40~120cm이고 곧게 선다. 전체에 잔털이 있다. 뿌리가 굵다. 일본에서는 이 뿌리를 사삼(沙蔘)이라 하고 있다.

이용방법

어린순은 쓴맛을 우려내고 나물로 먹으며 뿌리는 살짝 두들겨 쓴맛을 우려낸 다음 고추장을 발라 구워 먹는다. 또한 생것을 고추장 속에 박아 장아찌로 해서 먹기도 한다.

127

전호

잎은 엽병이 길고 삼각형이며 분과는 피침형이며 녹색이 도는 흑색이고 길이

5~8mm로서 밋밋하거나 돌기가 약간 있다. 꽃은 백색이고 5~6월에 피며 줄기

는 높이가 1m에 달하고 곧게 자라며 녹색으로 듬성듬성하게 가지를 친다. 뿌리

는 굵고, 전호(前胡)라 한다.

이용방법

어린순과 잎을 데쳐서 나물로 무쳐 먹거나 고기를 구워먹을때 쌈으로 식용한다.

129

조밥나물

근생엽은 꽃이 필 때 없어지고 줄기잎은 어긋나기하며 꽃이 필 때 밑부분의 잎
이 말라버리고 중앙부의 잎은 선상 피침형 또는 피침형이며 약간 두껍고 거칠며
끝이 뾰족하고 수과는 거꿀피침모양이고 흑색이며 8~9월에 익는다. 꽃은 7~10
월에 피고 줄기는 높이 30~100cm이며 줄기는 곧추서고 단일하며 잔털이 있고
윗부분에서 가지가 약간 갈라진다.

이용방법

봄철에 어린싹을 뿌리째 캐어 데쳐서 잘 우려낸 후 나물로 무쳐 먹거나 국거리로 식용한다.

131

좀개미취

근생엽은 꽃이 필때 없어지고 중앙부의 잎은 엽병이 없으며 피침형이고 끝이 길게 뾰족해지며 수과는 납작한 거꿀달걀모양이며 털이 있고 관모는 연한 갈색이다. 꽃은 8~10월에 피고 자주색이며 높이 45~85cm이고 자주빛이 도는 줄이 있으며 가지가 갈라져서 산방상이 된다.

이용방법

취나물의 하나로서 쓴맛이 강하므로 데쳐서 여러 날 흐르는 물에 우려낸 다음 오랫동안 말려두었다가 식용한다.

중나리

잎은 다닥다닥 어긋나기하고 선형 또는 넓은 선형이며 열매는 원주형의 삭과이며 길이 약 3cm이다. 꽃은 7~8월에 피며 황적색이고 줄기는 높이 1m에 달하고 줄기는 곧게 서며 윗부분은 가지가 갈라진다. 비늘줄기는 위에서 뿌리가 돋고 둥글며 지름 3~4cm로 비늘조각에 관절이 없다.

이용방법

봄 또는 가을에 비늘줄기를 캐어 구워 먹거나 양념을 해서 조려 먹는다.

135

쥐오줌풀

처음에는 근생엽이 자라나 개화가 될 때에는 근생엽이 없어지고 줄기잎이 자란다. 열매는 피침형이며 꽃은 5~8월에 피고 붉은빛이 돌며 줄기는 높이 40~80cm이며 밑에서 뻗는 가지가 자라서 번식하고 마디 부근에 긴 백색 털이 있다. 근경은 짧고 굵으며, 잔뿌리가 성글게 사방으로 뻗어 있다. 뿌리에서 강한 향기가 난다.

이용방법

이른 봄에 어린순을 나물로 해 먹는다. 쓴맛이 있으므로 데친 뒤 찬물에 담가서 우려낸 후 식용한다.

136

참나리

잎은 피침형이며 줄기에 다닥다닥 달리고 어긋나기하며 잎겨드랑이에 짙은 갈색의 살눈이 달린다. 열매는 잎겨드랑이에 살눈이 달려, 비늘조각으로 번식한다. 꽃은 7~8월에 피고 짙은 황적색 바탕에 흑자색이며 줄기는 높이 1~2m이며 흑자색이 돌고 흑자색 점이 있으며 어릴 때는 백색털로 덮인다.비늘줄기는 둥글고 원줄기밑에서 뿌리가 나온다.

이용방법

봄이나 가을에 비늘줄기를 캐어 구워 먹거나 조려 먹기도 한다.

참나물

엽병은 근생엽의 것은 길며 줄기잎의 것은 위로 가면서 짧아지고 밑부분이 넓어져서 원줄기를 얼싸안는다. 분과는 편평한 타원형이며 털이 없다. 꽃은 6~8월에 피고 백색이며 줄기의 높이는 50~80cm이고 줄기는 밑으로부터 가지를 쳐서 총생상태를 이루며 잎과 더불어 전체에 털이 없다.

이용방법

참나물은 주로 생채로 활용하며 쌈도 싸먹고 샐러드로도 이용할 수 있으며 특히 참나물 김치를 담그는데 봄철 별미로 손꼽는다.

참바위취

근생엽은 엽병이 길며 타원형 또는 원상 타원형이고 삭과는 달걀모양으로서 끝이 2개로 갈라지고 종자에 10개의 능선이 있다. 꽃은 7~8월에 피고 백색꽃이며 줄기는 높이가 30cm에 달한다.

이용방법

6~7월경에 잎을 따서 쌈으로 해서 먹는다. 또한 밀가루를 입혀 튀김으로 하고 잎줄기는 살짝 데쳐서 나물로 하거나 기름으로 볶아서 먹는다.

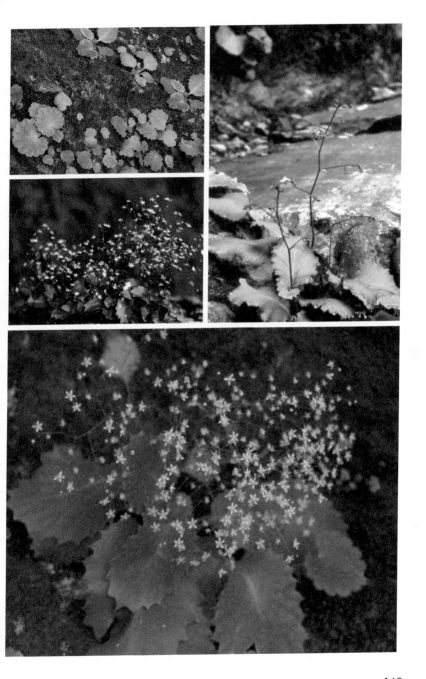

참반디

줄기잎은 어긋나기하며 근생엽과 비슷하지만 엽병이 점점 짧아져서 마침내 없어지고 열매는 2~4개씩 모여 있으며 대가 없고 난상 구형이며 꽃은 7월에 피고 백색이며 줄기의 높이는 15~100cm이고 곧게 자라며 윗부분에서 가지가 갈라진다. 뿌리는 짧고 굵다.

이용방법

이른 봄에 어린순을 나물로 해서 먹는다. 담백하며 쓴맛이 없으므로 가볍게 데쳐서 찬물에 담갔다가 식용한다.

참으아리

잎은 마주나기하며 3~7개의 소엽으로 구성된 우상복엽이다. 열매는 7~10cm
의 수과로 잔털이 있고 털이 돋아서 우상(羽狀)으로 된 긴 암술대가 달려 있다.
꽃은 7~9월에 백색으로 피고 덩굴 줄기는 가늘며, 어릴때는 털이 있다가 커서
없어진다. 줄기 길이가 5m 정도 자란다. 연흰갈색의 잔뿌리가 사방으로 고르게
많이 내려 있다.

이용방법

이른 봄에 연한 순을 따서 묵나물로 해서 먹는다. 유독성분이 있으므로 데쳐서 우려낸 다음 말
려서 오래도록 저장해 두었다가 나물로 조리해야 한다.

참죽나무

잎은 어긋나기하고 뒷면 맥 위에 털이 있거나 없고, 가장자리에 톱니가 약간 있거나 없으며 꽃은 암수한꽃으로 5월 말 ~ 6월에 개화하며 백색의 종모양으로 향기가 많다. 열매는 삭과로 9월 중순에 성숙한다. 줄기는 높이가 20m에 달하고 나무껍질이 얇게 갈라져서 적색 껍질이 나타나며 가지는 굵고 암갈색이며 일년생가지에 털이 있으나 점차 없어진다.

이용방법

어린잎과 순을 데쳐서 무치거나, 장아찌, 조림등에 이용하고, 튀김으로 만들어 먹어도 맛이 있다.

149

참취

근생엽은 꽃이 필 때 쯤되면 없어지고 엽병이 길며 심장형이고 줄기잎은 어긋나기하며 밑부분의 것은 날개가 있는 긴 엽병이 있고 심장형이며 수과는 긴 타원상 피침형이고 관모는 흑백색으로서 11월에 결실한다. 꽃은 8~10월에 피며 백색이고 줄기는 높이 1~1.5m이고 근경 끝에서 가지가 산방상으로 갈라지며 전체가 거칠거칠하다. 근경이 굵고 짧다.

이용방법

어린잎을 나물이나 쌈으로 해서 먹는다. 쓴맛은 없고 다소 매운맛이 있어 가볍게 데쳐 찬물에 담갔다가 사용한다.

151

청가시덩굴

잎은 어긋나기하며 난상 타원형, 난상 심장형이고 털이 없으며 열매는 장과로 둥글며 지름 7~9mm로 9~10월에 흑색으로 성숙한다. 꽃은 이가화로서 6월에 피며 황록색이고 길이가 5m에 달하며 원줄기는 녹색이고 능선과 곧은 가시가 있으며 가지는 녹색으로서 흑색 반점이 있고 털이 없다.

이용방법

5월경에 새순과 연한 잎을 나물로 해서 먹는다.

청미래덩굴

잎은 어긋나기하며 넓은 타원형이고 윤채가 있으며 가죽질이고 열매는 둥글고 지름 1cm정도로서 9~10월에 적색으로 성숙하며 명감 또는 망개라고 한다. 꽃은 황록색으로 5월에 피고, 원줄기는 마디에서 굽어 자라며 길이 3m에 이르고 갈고리같은 가시가 있다. 근경은 땅속에서 길게 옆으로 뻗으며 육질이 딱딱하고 불규칙하게 휘어지며, 드문드문 수염뿌리가 난다.

이용방법

봄에 연한 순을 나물로 먹으며 열매는 식용한다.

155

칡

잎은 3출엽으로 소엽은 마름모 모양이며, 협과는 넓은 선형으로 편평하고, 종자는 갈색으로 9~10월에 성숙한다. 꽃은 8월에 개화하고 홍자색이며 줄기는 길게 자라지만 끝부분이 겨울 동안에 말라 죽으며 줄기는 흑갈색으로 갈색 또는 백색의 퍼진 털과 구부러진 털이 있다. 뿌리는 땅 속에서 옆으로 뻗고 섬유질로서 회백색을 띠며 녹말을 저장한다.

이용방법

뿌리로부터 녹말을 채취하여 식용할 수 있고 뿌리는 즙을 내어 마시고 잎은 말리거나 볶듯이 익혀 차로도 마실 수 있다.

157

퉁둥굴레

잎은 어긋나기하며 2줄로 배열되고 긴 타원형이며 양면에 털이 없고 표면은 녹색, 뒷면은 백록색이다. 열매는 지름 1cm정도인 타원형의 장과이며 검게 익는다. 꽃은 5~6월에 피고 통형이며 연한 녹색이고 원줄기는 상반부가 옆으로 처지면서 전체가 비스듬히 서고 높이 30~80cm로서 윗부분에 능각이 있다. 근경은 굵고 옆으로 뻗는다.

이용방법

아직 잎이 펼쳐지지 않은 어린순을 나물로 먹거나 살찐 땅속줄기는 무릇처럼 고아서 먹거나 잘게 썰어 밥을 지어먹기도 한다.

159

파드득나물

근생엽은 엽병이 길고 줄기잎은 점차 짧아져서 윗부분에서는 엽초로 되며 열매
는 털이 없으며 타원형이고 분과의 단편이 둥근 오각형이며 검게 익는다. 꽃은
6~7월에 백색꽃이 피며, 줄기 높이는 30~60cm이며 전체에 털이 없고 독특한
향기가 있으며 곧게 자란다. 근경은 짧고 약간 굵은 뿌리가 있으며 육질이다.

이용방법

전초를 나물로 이용한다. 뿌리는 굵고 육질이며 단맛이 있어서 그 향과 맛을 살려 조림도 만들
고 튀김이나 볶음도 맛있다. '반디나물' 또는 '참나물'이라고도 하여 아주 향기롭고 상쾌한 맛이
있는 대표적인 산나물이다.

161

들나물

가락지나물

잎은 달걀모양이고 표면은 털이 성글게 있거나 없으며 뒷면 맥위에는 복모가 있고 가장자리에 톱니가 있다. 열매는 달걀 모양이고 황갈색이며 6~7월에 익는다. 꽃은 5~7월에 피며 줄기는 잎겨드랑이에서 가지가 옆으로 뻗고 끝이 위를 향하며 위로 향한 털이 있다. 줄기의 마디에서 뿌리가 나기도 한다.

이용방법

봄에 일찍 갓 자라난 연한 줄기와 잎을 나물로 먹는다. 쓴맛이 나므로 데친후 3~4시간 찬물로 우려낸 뒤에 이용한다.

165

각시취

잎은 긴 타원형 또는 타원형이고 열매는 길이 3.5~4.5mm로서 자줏빛이 돌며 꽃은 8~10월에 피고 꽃부리는 자주색이며 길이 11~13mm이다. 줄기는 곧추서며 세로로 줄이 있고 홍갈색을 띠며 짧은 털과 샘털이 있거나 거의 없으며 날개가 있거나 없고 윗부분에서 가지가 갈라진다.

이용방법

이른 봄에 갓 자라난 어린싹을 나물로 해서 먹는다.

개갓냉이

줄기잎은 어긋나기하고 피침형으로서 갈라지지 않으며 톱니가 있고 양끝이 좁
으며 엽병이 없다. 열매는 장각과 좁은 선형이며 종자는 황색이다. 꽃은 5~6월
에 피고 황색이다. 줄기는 높이 20~50cm이고 전체에 털이 없으며 가지가 많이
갈라진다.

이용방법

이른 봄에 나물로 먹으며 약간의 매운맛이 난다. 또한 김치를 담글 때 사용하기도 한다.

169

개망초

잎은 꽃이 필 때 쓰러지고 달걀모양이고 양면에 털이 있다. 열매는 피침형으로서 털이 있고 8~9월에 익는다. 꽃은 6~7월에 피고 백색이지만 때로는 자줏빛이 도는 혀꽃이 둘러싸고 있다. 줄기는 높이 30~100cm이고 줄기는 곧게서며 전체에 짧고 굵은 털이 있고 가지가 많이 갈라진다.

이용방법

잎이 연하고 부드러워 초여름까지 새순을 뜯어 나물이나 국을 끓여 먹는다.

171

개비름

잎은 달걀모양이며 표면은 녹색이고 뒷면은 담록색이며 양면에 털이 없다. 열매는 편원형이며 윤채가 있으며 가장자리는 얇다. 8~9월에 열매가 성숙한다. 꽃은 6~7월에 피며 작고 잎겨드랑이와 원줄기 끝에 모여서 이삭꽃차례를 형성한다. 줄기는 높이 30~80cm이고 전체에 털이 없으며 기부에서 많은 가지가 갈라지고 가로 눕거나 비스듬히 서며 연한 녹색이고 능선이 있다.

이용방법

나물로 무쳐 먹거나 국거리로 이용하기에 좋다.

개지치

잎은 흰색의 거센 털이 많고 어긋나기하며 엽병이 없다. 열매는 달걀모양이며 회백색으로서 끝이 둔하고 주름살이 있다. 꽃은 5~6월에 피며 백색이다. 줄기는 높이 20~40cm이고 전체에 백색 복모가 있으며 다소 잿빛이 돌고 곧게 서며 기부에서 많은 가지가 갈라진다.

이용방법
어린순을 데쳐서 나물로 이용한다.

개질경이

잎은 뿌리에서 잎이 뭉쳐 나와서 비스듬히 자라고 백색털이 있다. 열매는 난상 타원형으로서 꽃받침보다 2배정도 길고 허리가 갈라져서 4개의 흑갈색 종자가 나온다. 꽃은 5~6월에 피고 백색이며 잎 사이에서 길이 15~30cm의 꽃대가 곧 추자란다. 줄기는 원줄기가 없다.

이용방법
봄부터 초여름까지 어린잎과 뿌리를 나물로 이용한다.

갯메꽃

잎은 어긋나기하며 신원형이다. 열매는 지름 1.5cm 정도이며 포와 꽃받침에 싸여 있고 속에 검고 단단한 종자가 있다. 꽃은 5~6월에 피며 연한 홍색이고 줄기는 땅속줄기에서 줄기가 갈라져 지상으로 뻗거나 다른 물체에 기어 올라간다. 뿌리는 희고 굵은 땅속줄기가 모래속에서 옆으로 뻗는다.

이용방법

봄에 살찐 뿌리줄기를 찌거나 삶아서 먹는다. 또한 쌀과 함께 죽을 끓이거나 떡을 만들어 먹기도 한다.

179

갯방풍

잎은 엽병이 길고 지면을 따라 퍼지며 삼각형 또는 난상 삼각형이다. 열매는 둥
굴며 밀착하고 길이 4mm로서 긴 털로 덮여 있으며 껍질은 코르크질이고 능선
(綾線)이 있다. 꽃은 6~7월에 피며 백색이다. 줄기는 높이 5~20cm이며 전체에
백색 융털이 밀포되고 줄기는 짧다. 뿌리는 굵은 황색 뿌리가 땅속 깊이 수직으
로 뻗어 있으며 빈방풍(浜防風)이라 한다.

이용방법

연한 잎자루로 생선회를 싸 먹으면 향긋한 맛이 입안에 퍼져 구미를 돋우며 살균작용도 있다고
한다.

181

고들빼기

잎은 꽃이 필 때까지 남아 있거나 없어진다. 열매는 흑색이며 편평한 원뿔모양이고 백색이다. 꽃은 7~9월에 피고 연황색의 머리모양 꽃차례는 가지 끝에 산방상으로 달린다. 줄기는 높이 12~80cm에 달하고 곧게 자라며 가지가 많이 갈라지고 자줏빛이 돌며 전체에 털이 없다.

이용방법
쓴맛이 강하나 이른 봄에 어린싹을 뜯어 나물로 무쳐 먹는다. 늦가을에는 뿌리를 캐어 여러 날 물에 담가 떫은맛을 우려낸 다음 김치를 담가 먹는다.

고마리

잎은 어긋나기하며 표면은 누은 털이 성글게 있으며 변두리에 짧은 연모(緣毛)가 밀생한다. 꽃은 8~9월에 피고 가지 끝에 10~20개씩 뭉쳐서 달리며 열매는 세모진 달걀모양이고 황갈색이며 길이 3mm정도로서 윤채가 없고 꽃받침으로 싸여 있으며 8~9월에 익는다. 줄기는 길이가 1m에 달하며 상부는 비스듬히 서고 줄기는 능선을 따라 아래로 향한 가시가 있으며 털은 없다.

이용방법
4월 하순께 자라나는 어린싹을 캐어 데쳐서 나물로 해먹는다. 매운맛이 강하므로 잘 우려낸 다음 요리한다.

185

광대나물

잎은 마주나기하고 엽병이 길며 원형이고 윗부분의 것은 엽병이 없으며 반원형 이고 양쪽에서 원줄기를 완전히 둘러싸며 가장자리에 톱니가 있다. 열매는 소견 과로 3개의 능선이 있고 거꿀달걀 모양으로 전체에 흰 반점이 있다. 꽃은 4~5 월에 피고 홍자색이다. 줄기는 높이 10~30cm이며 네모지고 기부에서 가지가 많이 갈라져 뭉쳐 나고 원줄기는 가늘며 자주빛이 돈다.

이용방법

이른 봄에 어린싹을 캐어 나물로 무쳐 먹는다. 맵고 쓴맛이 나는 성분이 있으므로 데친 다음 찬 물에 오랜 시간 담가 잘 우려내어 식용한다.

금떡쑥

잎은 꽃이 필 때 없어지며 중앙부의 잎은 다닥다닥 어긋나기하고 선형이며 끝이 뾰족하다. 열매는 긴 타원형이며 길이 0.5mm정도로서 잔점이 있고 관모는 오백색(汚白色)이다. 꽃은 8~10월에 황색으로 피며 원줄기 끝과 가지 끝에 핀다. 줄기는 높이 30~60cm이고 윗부분에서 가지가 벌어지며 솜털에 싸여있다.

이용방법

어린잎과 줄기를 데쳐서 식용한다.

189

금불초

근엽은 보다 소형으로 꽃이 필 때에 마르고 경엽은 어긋나기하며 꽃은 7~9월에 황색으로 피고 가지와 줄기 끝에 산방상으로 달리며 과실은 수과로 10개의 능선과 털이 있으며 줄기는 높이 20~60cm이고 누운 털이 있거나 없다. 근경이 뻗으면서 번식한다.

이용방법

어린순을 채취하여 나물로 먹거나 국거리로 한다. 맵고 쓴맛이 강하므로 끓는 물로 데친 후 찬물에 하루 정도 담갔다가 식용한다.

191

기름나물

잎은 엽병이 있으며 길이 5~10cm로서 끝이 뾰족하고 넓은 달걀모양이며 꽃은 백색으로 7~9월에 피고 열매는 납작한 타원형이며 길이 3~4mm로서 털이 없고 줄기는 높이 30~90cm이고 흔히 홍자색이 돌며 비교적 가지가 많다. 끝부분에 가는 털이 난다.

이용방법

어린 식물체를 식용으로 이용한다.

깨풀

잎은 어긋나기하며 달걀모양 또는 넓은 피침형이며 끝이 뾰족하다. 열매는 털이 있고 대가 없으며 둥글다. 종자는 길이 2mm가량으로 넓은 달걀모양이고 흑갈색이며 윤이 나고 밋밋하며 9월에 성숙한다. 꽃은 7~8월에 피고 갈색이다. 줄기는 높이 30~50cm이고 짧은 털이 있으며 줄기는 곧게 서고 가지가 갈라진다.

이용방법

봄철에 연한 순을 따다가 나물로 해먹는다. 매우 쓰고 떫으므로 데친 다음 찬물에 오래 담가 질우려서 쓴맛을 없앤 후 식용한다.

195

꿀풀

잎은 마주나기하며 긴 타원상 피침형이다. 열매는 황갈색이며 7~8월에 성숙한다. 꽃은 5~7월에 피고 적자색이다. 줄기는 네모지며 모여나고 가지가 갈라진다. 전체에 짧은 백색의 털이 있다. 뿌리는 잔뿌리가 사방으로 많이 뻗는다.

이용방법

어린순을 나물로 먹는다. 쓴맛이 강하므로 데쳐서 하루 정도 우려낸 다음 조리해야 한다.

197

냉이

잎은 많이 돋아서 지면에 퍼지며 엽병이 있고 뭉뚝한 치아모양톱니가 있다. 열매는 편평한 도삼각형이며 꽃은 5~6월에 피며 흰색이다. 줄기는 높이 10~50cm이고 곧게 서며 전체에 털이 없고 줄기 상부에서 가지가 많이 갈라진다. 땅속에 원뿌리가 자라며 뿌리는 맛이 달다.

이용방법

봄의 별미로 뿌리 채 캐어 나물이나 국을 끓여 먹는다. 또한 데쳐서 우려낸 것을 잘게 썰어 나물죽을 끓여먹는다.

199

논냉이

잎은 어긋나기하며 원형 또는 타원형이며 열매는 장각과로서 비스듬하게 위로 퍼지며 털이 없다. 꽃은 4~5월에 피며 꽃잎은 넓은 거꿀달걀모양으로서 길이 8~10mm이다. 줄기는 높이 30~50cm이고 꽃이 필 때까지는 곧게 서지만, 꽃이 지면 기부에서 가늘고 긴 가지가 옆으로 뻗는다.

이용방법
어린순을 깨끗이 다듬어서 살짝 데쳐 무치거나 국을 끓인다.

201

달래

잎은 1~2개이며 선형 또는 넓은 선형이고 열매는 삭과로서 둥글다. 꽃이 지면 파처럼 까만 씨가 결실한다. 꽃은 4월에 피고 1~2개가 달리며 백색이거나 붉은 빛이 돈다. 줄기는 높이 5~12cm이다. 비늘줄기는 넓은 달걀모양이며 백색이고 길이 6~10mm이며 외피가 두껍고 물결모양으로 꾸불꾸불해지는 횡세포로 되며 2~6개의 새끼(자구)를 형성한다.

이용방법

잎과 알뿌리를 함께 생채로 해서 먹으며 지짐이의 재료로도 이용한다.

203

달맞이꽃

잎은 끝은 뾰족하며 밑부분이 직접 줄기에 달리고 가장자리에 얕은 톱니가 있으며 짙은 녹색이고 주맥은 희다. 꽃은 7월에 황색으로 피고 저녁에 피었다 아침에 시든다. 과실은 삭과로 곤봉형이며 줄기는 뿌리에서 1개 또는 여러 대가 나와 곧추 선다. 크기는 50~90cm이다.

이용방법

이른 봄에 어린싹을 캐어서 나물로 해먹는다. 매운맛이 있으므로 데쳐서 잠깐 찬물에 우려낸 다음 이용한다. 갓 피어나는 꽃을 튀김으로 해서 먹는 것도 별미다.

닭의장풀

잎은 어긋나기하며 마디가 굵고 열매는 타원형이고 육질이지만 마르면 3개로 갈라지며 꽃은 7~8월에 피고 하늘색 이다. 줄기는 높이 15~50cm이고 밑부분이 옆으로 비스듬히 자란다. 가지가 갈라지고 상부는 비스듬히 올라가며 마디는 크다. 밑부분의 마디에서 뿌리가 내린다.

이용방법

봄에 자라나는 순을 꺾어 나물로 식용한다. 닭고기나 조개와 함께 끓여도 맛이 좋고 튀김으로 해도 좋다.

207

댑싸리

잎은 어긋나며 여러 개이고 피침형 또는 선상 피침형이고 열매은 꽃받침에 싸인 낭과로서 납작한 구형이며 뒷면에 날개모양으로 확장된 숙존악이 있고 그 속에 종자 하나가 싸여 있다. 꽃은 7~8월 피고 수술은 5개로 길게 꽃밖으로 나오며 꽃밥은 황색이고 씨방은 원반모양이며 끝부분의 암술대가 2개로 갈라진다. 줄기는 단단하고 곧게 서며 전체에 약간의 털이 있고 줄기는 가지를 많이 친다.

이용방법

늦봄에 어린잎을 나물로 해먹거나 국거리로 식용한다.

댕댕이덩굴

잎은 어긋나기로 달걀꼴 또는 달걀상 원형이고 열매는 거의 구형이고 8~10월에 하얀 가루로 덮이며 흑색으로 익는다. 꽃은 암수딴그루로 6월에 황백색으로 피고 줄기는 길이가 3m에 달하고 줄기와 잎에 털이 있다. 줄기가 어릴 때는 녹색이지만 오래되면 회색으로 된다.

이용방법

이른 봄에 갓 자라나는 연한 순을 나물로 무쳐서 먹는다. 쓴맛이 나므로 데친 뒤 찬물에 담가서 잘 우려낸 후 식용한다.

211

도깨비바늘

잎은 마주나기하며 중앙부의 것은 양면에 털이 다소 있고 수과는 선형이고 수과의 가시털은 위를 향하고, 관모의 가시털은 밑을 향한다. 꽃은 8~9월에 피고 혀꽃은 황색이고 줄기는 높이가 25~85cm에 달하며 원줄기는 네모지고 거의 털이 없다.

이용방법

봄에 어린순을 따다가 나물로 해먹는다. 쓴맛이 강해 데쳐서 쓴맛을 우려낸 다음 식용한다.

돌나물

잎은 3개씩 돌려나기하며 엽병이 없으며 긴 타원형 또는 거꿀피침모양이고 열매의 골돌은 비스듬히 벌어진다. 꽃은 5~6월에 피며 황색꽃이피며 줄기의 길이는 15cm가량되며 줄기는 밑에서 가지가 갈라져서 지면으로 뻗고 뿌리는 지면으로 뻗은 줄기의 마디에서 뿌리가 내린다.

이용방법

이른 봄에 김치를 만들며 연한 순은 나물로 식용할 수 있다.

215

돼지감자

잎에 밑 부분의 잎은 마주나기하고 윗부분의 잎은 어긋나기하며 털이 있다. 꽃은 9~10월에 피며 황색이고 열매는 비늘조각 모양의 돌기가 있다. 줄기는 높이 1.5~3m이고 거친 털이 있어 껄끄럽다. 땅속줄기 끝이 굵어져서 덩이줄기가 발달하며 털이 있다.

이용방법

덩이줄기를 캐어서 감자처럼 삶아 먹기도 하나 맛은 좋지 않다. 요즘은 성인병에 좋다고 알려져 있어 건강식품으로 알려져 있다.

딱지꽃

잎은 밑부분의 것은 점차 작아지고 윗부분의 것은 거꿀피침모양 또는 긴 타원형이며 수과로서 넓은 달걀모양이고 세로로 주름살이 지며 길이 1.3mm정도이고 뒷면에 능선이 있다. 꽃은 황색으로 6~7월에 피고 줄기는 높이 30~60cm이고 모여나기하며 거칠고 크다. 융털이 있다. 땅속에 흑갈색의 굵고 긴 원주상 뿌리가 있다.

이용방법

이른 봄철에 갓 자라나는 어린싹을 나물로 해서 먹거나 국거리로 한다.

219

떡쑥

잎은 꽃이 필 때 쓰러지며 줄기잎은 어긋나기하고 주걱모양 또는 거꿀피침모
양이며 열매는 수과이고, 황백색이고 밑부분이 완전히 합쳐지지 않는다. 꽃은
5~7월에 피고 황색이며 줄기는 높이 15~40cm이고 전체가 백색 털로 덮여 있
어 흰빛이 돌며 곧게 서고 땅 가까이에서 많은 가지가 갈라져 포기를 이룬다.

이용방법

어린순을 나물로 해서 먹거나 쑥처럼 떡에 넣어 먹기도 한다. 쓴맛이 있으므로 데칠 때 재를 넣
고 데치면 쓴맛과 떫은 맛이 바로 빠진다. 찬물로 잘 우려낸 후 식용한다.

뚝갈

잎은 마주나기하고 단순하거나 우상으로 갈라지며 열매는 길이 2~3mm인 거꿀달걀모양의 수과로서 뒷면이 둥글고 포가 발달한 길이 5~6mm의 둥근 날개가 있다. 꽃은 7~8월에 피고 백색이며 줄기는 높이가 1m에 달하고 백색털이 많으며 밑에서 뻗는 가지가 지하 또는 지상으로 자라면서 번식하고 줄기는 곧게 선다.

이용방법

어린잎을 나물로 먹는다. 쓴맛이 있으므로 데친 다음 충분히 우려낸 후 식용한다. 또한 기름으로 볶아 먹기도 한다.

223

마디풀

잎은 어긋나고 엽병이 짧으며 긴타원모양 또는 선상 타원형이고 열매는 달걀모양이며 흑색 또는 갈색을 띠고 9~10월에 익는다. 꽃은 6~7월에 피고 줄기는 높이 30~40cm이고 가늘며 길고 곧게 서며 전체에 흰가루가 있어 녹백색을 띤다.

이용방법

4~5월에 연한 순을 따다가 나물로 무쳐 먹는다. 약간 쓴맛이 나므로 데친 뒤 찬물에 담가 쓴맛을 우려낸 후 식용한다.

225

마름

잎은 수면까지 자란 원줄기 끝에서 많은 잎이 사방으로 퍼져 수면을 덮으며 열매는 T자 모양으로 검고 딱딱한 견과이며, 꽃은 7~8월에 피며 흰빛 또는 약간 붉은빛이 돌고 원줄기는 수면까지 자라며 가늘고 길며 물속의 마디에서는 우상의 수중근(水中根)이 내린다. 진흙 속에 뿌리를 박고 산다.

이용방법

어리고 연한 잎과 줄기를 데쳐서 말려 두었다가 나물로 먹는다. 또한 씨를 쪄서 가루로 빻아 떡이나 죽으로 해서 먹기도 한다.

머위

잎은 엽병이 길며 콩팥모양이고 수과는 원통형이고 털이 없으며 백색이다. 꽃은 이른 봄에 꽃대가 나오고 평행한 맥이 있는 포가 화경에서 어긋나기한다. 뿌리는 땅속줄기가 사방으로 뻗으면서 번식하며 땅 위에는 줄기가 없다.

이용방법

식용법으로 엽병을 삶아서 물에 담그어 아릿한 맛을 우려낸 후 껍질을 벗겨 간을 해서 먹고 잎은 우려서 나물로하거나 기름으로 볶아 먹기도 한다. 볶음, 조림, 장아찌, 정과 등으로 조리하기도 한다. 갓 자라나는 꽃은 생것을 덩어리채로 된장속에 박거나 또는 튀김으로 하면 맛이 대단히 좋다. 또 차를 끓여 먹기도 하고 술에 담그어 약술을 만들기도 한다.

228

229

메귀리

잎은 녹색이며 엽초에 털이 없고 잎혀는 둔두이며 가장자리가 불규칙하게 갈라진다. 열매는 방추형이고 한쪽에 홈이 있으며 끝에 털이 있다. 꽃은 5~6월에 피고 줄기는 1포기에서 3~4대가 나오고 높이 60~100cm이며 매끄럽고 속이 비어 있다.

이용방법

열매를 도정하여 쌀이나 보리와 섞어서 밥을 짓거나 죽을 끓여 먹는다.

메꽃

잎은 어긋나기하고 긴 타원상 피침형이고 열매는 삭과로서 구형이다. 꽃은 엷은
홍색으로 6~8월에 피고 줄기는 땅속줄기 군데군데 덩굴줄기가 나와 다른 것을
감아 올라간다. 뿌리는 백색 땅속줄기가 사방으로 길게 뻗는다.

이용방법

봄에 살찐 뿌리줄기를 찌거나 삶아서 먹는다. 또한 쌀과 함께 죽을 끓이거나 떡을 만들어 먹기
도 한다. 어린순은 나물로 해서 먹을 수 있다.

233

며느리밑씻개

잎은 어긋나기하고 삼각형이고 열매는 둥글지만 약간 세모가 지고 끝이 뾰족하며 꽃은 7~8월에 피며 연한 홍색이지만 끝부분은 적색이고 줄기는 길이 1~2m이며 네모졌고 가지가 많이 갈라지고 엽병과 더불어 거슬러난 갈고리 가시가 있으며 붉은 빛을띤다.

이용방법
봄에 어린순을 그대로 먹거나 나물로 무쳐 먹는다. 나물로 할 때에는 살짝 데쳐 찬물로 한 반헹군 다음 이용한다.

며느리배꼽

잎은 어긋나기하고 긴 엽병이 잎 밑에서 약간 올라 붙어 있어 배꼽이라는 이름이 생겼으며 열매는 난상 구형이며 약간 세모가 지고 흑색이며 8~9월에 익는다. 꽃은 7~9월에 피며 꽃받침은 연한 녹색이 돌며 줄기는 길이 2m정도 뻗으며 엽병과 더불어 밑으로 난 가시가 있어 다른 물체를 걸고 자라 오른다.

이용방법

신맛과 향취가 있어 날 것을 그대로 먹거나 나물로 해서 먹는다. 잎자루와 잎 뒤에 가시가 있으므로 되도록 어린순을 따야 한다.

명아주

잎은 어긋나며 능상달걀모양(菱狀卵形) 또는 삼각상 달걀모양이며 열매는 꽃받침에 싸인 낭과로서 납작한 원형이며 숙존악이 있고 꾸부러진 배가 들어 있는 종자는 흑색 윤채가 있다. 꽃은 황백색으로 6~7월에 피며 줄기는 녹색 줄이 있으며 곧게 선다.

이용방법

어린순을 나물 또는 국거리로 사용한다. 어린순에는 가루와 같은 물질이 붙어 있어 이것을 씻어낸 다음 데친다.

239

무릇

잎은 봄과 가을 두 차례에 걸쳐 2개씩 나오고 열매는 길이 5mm로서 도란상 구형이고 종자는 넓은 피침형이다. 꽃은 7~9월에 피고 비늘줄기는 난상 구형이며 길이 2~3cm이고 외피는 흑갈색이다. 수염뿌리가 내린다.

이용방법

4월 중순부터 5월 초순에 알뿌리를 캐어서 잎과 함께 약한 불로 장시간 고아 엿처럼 된 것을 먹는다.

241

물여뀌

잎은 긴 타원형이며 끝이 둔하거나 둥글고 밑부분은 심장저이다. 열매는 둥글고
양쪽이 볼록하고 흑갈색이다. 꽃은 8~9월에 피고 연한 홍색이고 원줄기가 진흙
속으로 뻗고 마디에서 뿌리가 내리며 지상에서 자라는 것은 곧추서서 많은 잎이
달리지만 물속에서 자라는 것은 잎겨드랑이에서 꽃이 피는 짧은 화경이 나오고
모두 털이 없다. 근경이 길게 가로 뻗어가면서 번식한다.

이용방법
어린 순과 잎은 식용하는데 고기의 냄새나 생선의 비린맛을 없애주는 효과가 있으므로 고기요
리나 생선요리에 같이 요리하면 좋다.

242

미나리

잎은 어긋나기하고 삼각형 또는 삼각상 달걀모양이고 분과는 타원형이고 가장자리의 능선이 코르크화되며 긴 암술대가 있다.꽃은 7~9월에 원줄기 끝부근에서 잎과 마주나기하며 백색꽃이 달리며 줄기는 높이가 30cm에 달하고 털이 없다.

생채로 버무려 나물로 먹으며 각종 무침에도 들어가며 김치 담그는데도 넣는다.

민들레

잎은 도피침상 선형이며 무 잎 처럼 깊게 갈라지고 열매는 5~6월이 되면 꽃이 시든 자리에서 씨앗의 날개가 돋아나 하얗고 둥근 모양으로 부푼다. 꽃은 4~5월에 피고 꽃부리는 황색이며, 원줄기가 없이 잎이 모여나고 옆으로 퍼진다. 뿌리는 육질로서 길며, 포공영근(浦公英根)이라 한다.

이용방법

봄에 어린것을 뿌리째 캐어 나물이나 국거리로 먹는다. 쓴맛이 강하므로 데쳐서 우려낸 후 식용한다.

247

방가지똥

잎은 꽃이 필 때 쓰러지거나 남아 있고 밑부분의 잎보다 작다. 밑부분의 잎은 간
타원형 또는 넓은 거꿀피침 모양이고 수과는 갈색의 거꿀달걀 모양이며 9~10
월에 익는다. 꽃은 5~9월에 피고 꽃부리는 황색 또는 백색이고 줄기는 높이
30~100cm이며 뿌리는 방추형이다.

이용방법

늦가을 또는 이른 봄에 어린싹을 나물로 하거나 국에 넣어 먹는다. 맛이 쓴 성분이 있으므로 데
쳐서 물에 몇 시간가량 담가 우려낸 후 식용한다.

249

방아풀

잎은 마주나기하며 넓은 달걀모양이고 끝이 뾰족하며 분과는 편평한 타원형이고 윗부분에 점같은 선이 있다. 꽃은 8~9월에 피고 연한 자주색이며 2강수술이 있다. 줄기는 높이 50~100cm이고 네모진 능선에 밑을 향한 짧은 털이 있으며 곧게 선다.

이용방법

어린순을 나물로 무쳐 먹는다. 쓴맛을 지니고 있으므로 데친 뒤에 찬물로 여러 차례 우려낸 후 식용한다.

251

번행초

잎은 어긋나기하고 두꺼운 난상 삼각형이며 열매는 꽃이지면 시금치 씨처럼 4~5개의 딱딱한 뿔같은 돌기와 더불어 꽃받침이 붙어 있는 열매가 달린다. 꽃은 개화기가 길어서 4월부터 11월까지 계속 피며 제주도에서는 1년 내내 꽃이 핀다. 줄기가 땅에 기듯 뻗어가면서 자라는데 가지를 많이 쳐서 포기가 커진다.

이용방법

일년 내내 어린순을 뜯어다가 나물이나 국거리로 한다. 국거리는 생것을 그대로 써도 좋고 기름에 볶아 먹기도 한다.

벼룩나물

잎은 마주나기하며 엽병이 없고 삭과는 타원형이며 7월에 익어 끝이 6조각으로 갈라진다. 꽃은 양성으로서 4~5월에 피며 백색이고 줄기는 높이 15~25cm로서 가늘며 털이 없고 기부에서 많은 가지가 나와 원줄기와 가지를 구별하기 어려울 정도로 자라기 때문에 마치 모여나기한 것처럼 보인다.

이용방법

어린순을 캐어 나물로 하거나 국에 넣어 먹는다.

255

벼룩이자리

잎은 마주나기하고 엽병이 없으며 달걀모양 또는 넓은 타원형이고 열매는 삭과로서 달걀모양이며 길이 0.3~0.5mm이고 짙은 갈색이며 겉에 잔점이 있다. 꽃은 4~5월에 피며 백색이고 줄기는 전체에 밑을 향한 짧은 털이 있고 원줄기는 밑에서부터 많이 갈라지며 높이 10~25cm로서 밑부분의 옆으로 뻗는 가지가 땅에 닿는다.

이용방법

이른 봄에 어린싹을 캐어 가볍게 데쳐서 나물로 무쳐 먹거나 국거리로 한다.

257

비름

잎은 어긋나기하고 녹색이며 사각상 넓은 달걀모양 또는 삼각상 넓은 달걀모양
이고 열매는 타원형이며 꽃은 7월경에 피며 줄기는 높이가 1m에 달하며 전체가
녹색이고 줄기는 곧게 서며 드문드문 굵은 가지가 뻗는다.

이용방법

어린순을 나물로 하거나 국에 넣어 먹는다. 맛이 담백하며 시금치와 흡사하다.

뽀리뱅이

근생엽은 로제트형으로 비스듬히 자라며 거꿀피침모양이고 수과는 납작하며 갈색이고 꽃은 5~6월에 피며 꽃부리는 황색이며 길이 5~8mm 지름 0.7~1.1mm이고 판통은 길이 2~3mm로서 윗부분에 털이 있다. 줄기는 높이 15~100cm이고 전체에 퍼진 털이 밀생한다. 원줄기는 밑에서부터 갈라진다.

이른 봄에 어린싹을 캐어서 나물로 먹거나 국에 넣어 먹는다.

261

사데풀

잎은 어긋나기하며 엽병이 없고 어려서는 자홍색을 띠나 자라면서 회록색을 띤다. 수과는 갈색의 타원형이며 9~10월에 익는다. 꽃은 8~10월에 피고 꽃은 모두 혀꽃이며 황금색이고 줄기는 높이 30~100cm이고 전체에 유백색즙이 있으며 줄기는 곧추서고 단일하거나 가지를 적게 치며 털이 없고 세로로 줄이 있다.

이용방법

이른 봄에 갓 자라나는 어린싹을 캐어 나물로 무쳐 먹는다.

사철쑥

잎은 꽃이 달리지 않는 가지 끝의 잎은 로제트형으로 달린다. 열매는 수과이다.
꽃은 황색이며 8~9월에 피고 줄기는 높이 30~100cm이며 밑부분은 목질이 발
달하여 나무처럼 되고 가지가 많이 갈라지며 처음에는 견모(絹毛)로 덮여있다.

이용방법

봄에 어린 풀을 뜯어다가 나물로 해서 먹는다. 쓴맛이 있으므로 데쳐서 우려낸 다음 조리한다.
쑥떡을 만들어 먹기도 한다.

소귀나물

잎은 한군데에서 모여나기하고 열매는 둥글게 모여 달리고 연한 녹색으로서 편평하다. 꽃은 8~9월에 피고 백색이고 근경은 짧고 밑부분에서 수염뿌리가 사방으로 퍼지며 굵은 땅속줄기가 옆으로 뻗으면서 끝에 굵은 남색의 덩이줄기가 달리고 비늘조각에 둘러싸여 있으며 끝에서 눈이 나온다. 근경을 택사라고 한다.

이용방법

뿌리 끝에 달리는 알줄기를 채취하여 알줄기의 껍질을 벗겨서 무침이나 조림으로 요리한다.

소리쟁이

근생엽은 엽병이 길며 피침형 또는 긴 타원형에 가깝고 수과는 3릉형(三稜形)이며 3개의 숙존악에 싸여 있고 날개는 달걀모양 또는 심장형이며 거의 톱니가 없고 꽃은 엷은 녹색의 원뿔모양 꽃차례로 6~7월에 피며 높이 30~80cm이고 줄기는 곧게 자라며 녹색 바탕에 흔히 자줏빛이 돈다. 뿌리가 비대해진다.

이용방법

어린잎을 나물로 하거나 국에 넣어 먹는다. 특히 고깃국에 넣으면 맛이 훌륭하다. 국에 넣을 때에는 데치지 않고 사용한다.

269

솔장다리

잎은 어긋나기하며 엽병이 없고 낭과는 꽃받침의 밑부분으로 싸여 있으며 1개의 종자가 들어 있고 배(胚)는 나선형이며 9월에 익는다. 꽃은 7~8월에 피고 줄기는 높이가 30cm에 달하고 기부로부터 많은 가지가 갈라지며 곧게 서거나 비스듬히 자라고 처음에는 연하지만 점차 딱딱해진다. 포기가 반구형을 이룬다.

이용방법

어린잎과 줄기를 살짝 데쳐서 나물로 이용한다.

솜방망이

잎은 로제트형으로 퍼지고 개화기까지 남아 있으며 긴 타원형 또는 도란상 긴
타원형이고 수과는 원통형이고 털이 밀생한다. 꽃은 5~6월에 피고 황색이다.
높이 20~65cm이며 곧게 자라고 원줄기는 화경상으로서 거미줄같은 백색 털이
밀생하며 자줏빛이 돈다. 잔뿌리가 사방으로 내린다.

이용방법

봄에 어린순을 나물로 먹는다. 쓴맛이 나고 유독성분이 함유되어 있으므로 데쳐서 흐르는 물에
하루정도 담가 충분히 우려낸 다음 조리 한다. 독성식물의 하나이므로 주의해야 한다.

273

쇠뜨기

잎의 수는 원줄기의 능선수와 같고 가지에는 4개의 능선이 있으며 윤생엽도 4개
이다. 포자낭수는 긴 타원형이고 육각형의 포자엽이 서로 밀착하여 거북등처럼
되며 생식경은 이른 봄에 나와서 끝에 뱀대가리같은 포자낭수를 형성하고 마디
에 비늘같은 잎이 돌려나기하며 가지가 없다. 땅속줄기는 길게 뻗으며 번식한다.

이용방법

홀씨가 성숙되기 전에 어린 홀씨줄기를 꺾어 마디에 붙어 있는 치마와 같은 것을 따버리고 살
짝 데쳐서 나물 무쳐 먹는다.

쇠무릎

잎은 마주나기하며 긴 타원형, 타원형 또는 거꿀달걀모양이고 양끝이 좁으며 털이 약간 있고 과실은 낭과로서 긴타원모양이며 열매는 쉽게 떨어져서 옷같은 데 잘 붙는다. 꽃은 8~9월에 피고 원줄기는 네모지고 높이 50~100cm이며 곧게 자라고 가지가 많이 갈라지며 마디가 높아서 무릎같이 보이므로 쇠무릎이라고 한다. 뿌리가 굵고 길며, 우슬(牛膝)이라 한다.

이용방법

봄에 어린순을 나물로 하거나 국에 넣어 먹는다. 약간 쓴맛이 나므로 데친 후 찬물에 우려낸 후 식용한다.

277

쇠비름

잎은 마주나기 또는 어긋나기하지만 끝부분의 것은 돌려나기한 것 같으며 긴 타원형이며 열매는 타원형이고 꽃은 양성으로서 6월부터 가을까지 계속 피고 황색이며 줄기 전체에 털이 없고 높이가 30cm에 달하며 갈적색이고 육질이며, 뿌리는 백색이지만 손으로 훑으면 원줄기와 같이 적색으로 된다.

이용방법

봄부터 여름까지 계속 연한 순을 나물로 해 먹는다.

279

수영

잎은 모여나기하며 엽병이 길고 창검같은 모양이며 과실은 수과로서 세모
난 타원형이며 꽃은 암수딴그루로서 5~6월에 피며 홍록색이고 줄기는 높이
30~80cm이며 원줄기는 곧게 서고 원주형이며 모가 나고 보통 녹색 또는 홍자
색을 띠며 신맛이 난다. 땅속줄기는 다소 비후하며 짧고 수염뿌리가 많으며 단
면은 황색이다.

이용방법

어린순은 소금에 절여서 먹고 어린잎은 나물로 해 먹는다.

수송나물

잎은 어긋나기하고 짙은 녹색이며 솔잎처럼 가늘고 끝이 뾰죽하며 꽃은 7~8월에 피고 연한 녹색이며 열매는 연골질(軟骨質)의 꽃받침으로 싸여 있으며 줄기는 밑부분에서 많은 가지가 갈라지고 비스듬히 서거나 옆으로 기며 높이 10~40cm로서 전체에 털이 없다.

이용방법

어린잎과 줄기를 살짝 데쳐서 나물로 이용한다.

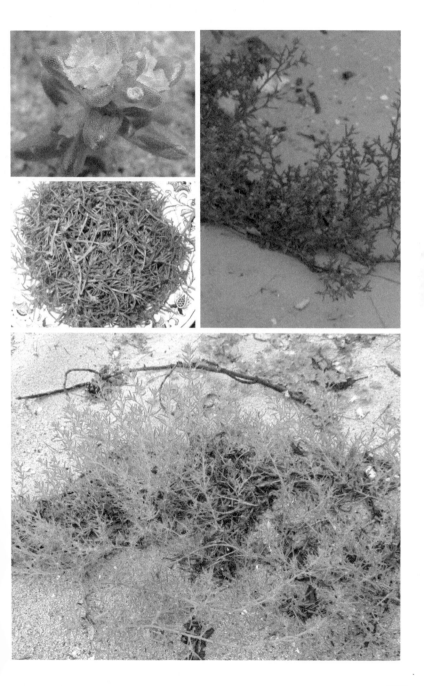

283

쉽싸리

잎은 마주나기하며 거의 엽병이 없고 옆으로 퍼지며 광피침형이고 수과로서 4
면형이고 활택(活澤)하다. 꽃은 암수딴그루고 7~8월에 소형으로 피며 백색이고
높이가 1m에 달하며 원줄기는 곧게서고 네모가 지며 녹색이지만 마디는 검은
빛이 돌고 백색 털이 있으며 옆으로 뻗는 가지 끝에서 새순이 나온다. 땅속줄기
는 백색이고 굵다.

이용방법

이른 봄에 굵은 땅속줄기를 캐어 나물로 무치거나 가볍게 삶아 먹는다. 쓴맛이 있으므로 데쳐
서 찬물에 잘 우려낸 다음 식용한다.

쑥부쟁이

잎은 어긋나기하고 난상 긴타원모양이며 열매는 수과로 달걀모양이고 10~11월
에 익는다. 꽃은 7~10월에 연한 자색(혀꽃), 노란색(통상화)으로 핀다. 줄기는
녹색 바탕에 자줏빛을 띠며, 곧추서고 상부에서 가지를 친다. 근경은 옆으로 길
게 뻗는다. 원줄기가 처음 나올 때는 붉은빛이 강하며 점차 녹색 바탕에 자줏빛
을 띤다.

이용방법

어린싹을 데쳐서 나물로 먹고 기름에 볶아 조리를 해도 좋다. 또한 밥을 지어먹기도 하고 튀김
으로 조리하기도 한다.

287

씀바귀

근엽은 도피침상 장 타원형 또는 거꿀피침모양으로 끝이 뾰족하고 꽃은 5~7월에 황색으로 피고 열매는 10개의 능선이 있으며 관모는 연한 오갈색이다. 줄기는 곧추서고 상부에서 가지가 갈라지며 백색 유즙이 있어 쓴맛이 강하다. 근경은 짧고 드물게 짧은 포지를 낸다.

이용방법

이른 봄에 어린잎이나 뿌리줄기를 캐어서 나물로 무쳐 먹거나 지짐이로 해서 먹는다. 쓴맛이 강하므로 데쳐서 찬물에 오랫동안 우려내어 조리한다.

양지꽃

근생엽은 여러개가 나와 사방으로 비스듬히 퍼지며, 열매는 수과로서 털이 없고 달걀모양이며, 길이는 2mm 정도이고 가는 주름살이 있다. 꽃은 4~6월피며, 황색이고 줄기의 길이는 30~50cm 정도로 자라며 비스듬히 옆으로 서고 전체에 긴 털이 있다. 굵은 뿌리와 잔뿌리가 사방으로 내린다.

이용방법

이른 봄에 새순을 따다 나물로 먹는다.

291

엉겅퀴

근생엽은 꽃이 필 때까지 남아 있고 경색엽보다 크며 타원형 또는 피침상 타원형이고 수과는 길이 3.5~4mm이며 관모는 길이 16~19mm이고 백색이다. 꽃은 6~8월에 피며 꽃은 전부 관상화이고 꽃부리는 자주색 또는 적색이며 높이 50~100cm로서 전체에 백색 털과 거미줄 같은 털이 있으며 줄기는 곧게 서고 가지가 갈라진다. 뿌리 지상부를 대계라고 한다.

이용방법

어린잎을 나물 또는 국거리로 한다. 연한 줄기는 껍질을 벗겨 된장이나 고추장 속에 박아 두었다가 식용한다.

여뀌

잎은 엽병이 없고 어긋나기하며 피침형이고 양끝이 좁으며 가장자리가 밋밋하고 열매는 수과로서 흑색이며 편달걀모양(扁卵形)이고 잔점이 있으며 꽃은 6~9월에 피고 줄기는 높이 40~80cm이고 전체에 거의 털이 없으며 줄기는 곧게 서고 가지가 많이 갈라진다.

이용방법

어린싹을 생선회에 곁들여 먹는다. 향신료 역할을 하여 비린내를 느끼지 못하게 한다.

295

여주

잎은 어긋나기하고 엽병이 길며 열매는 타원형이며 혹 모양의 돌기가 밀생하고 황적색으로 익으면 꽃은 일가화로서 황색이며 줄기는 가늘고 길이 1~3m 자라며 덩굴손으로 다른 물건을 감아서 올라간다.

이용방법

어린 여주열매를 채취하여 반으로 가르고 씨를 빼낸 다음 소금을 넣은 물에 1분정도 데쳐서 무침으로 조리한다. 약간의 쓴맛이 있다.

297

옥잠화

잎은 엽병이 길며 난원형이며 끝이 갑자기 뾰족해지고 삭과는 삼각상 원주형이며 밑으로 처지고 종자는 가장자리에 날개가 있으며 10월에 익는다. 꽃은 해가 지는 저녁에 피고 아침에 오므라 든다. 수술은 6개로서 화피와 길이가 비슷하고 암술은 한 개다. 근경이 굵다.

이용방법

맛이 담백해서 나물로 있고 국거리나 쌈으로도 요리해 먹는다.

올방개

엽초는 얇은 막질로 짙은 적갈색이다. 수과는 거꿀달걀모양이며 길이 1.8~2mm로서 부풀은 양쪽이 볼록하고 황갈색이 난다. 꽃은 7~10월에 피고 줄기는 둥글며 속이 비어있고 마디가 있으며, 마디마다 격막으로 막혀 있다. 줄기색은 녹색이 나며 싱그럽다. 근경은 길게 뻗고 그 끝에 직경 5~8mm정도 되는 덩이줄기가 달린다. 줄기 밑부분에서는 많은 잔뿌리가 사방으로 뻗어있다.

이용방법

덩이줄기를 잘 씻어 갈아 앙금을 가라앉힌 후, 웃물을 따라 버리고 중불에 저어가며 앙금을 쑤어 그릇에 담아 식혀 묵으로 만들어 먹는다.

젓가락나물

근생엽은 엽병이 길며 거꿀피침모양 예두(銳頭)로서 뾰족한 톱니가 있고 양면에 복모가 있다. 수과는 타원형이며 양쪽 가장자리 근처에 희미한 능선이 있고 꽃은 6월에 피며 황색이고 줄기는 전체에 퍼진 털이 있으며 곧게 서고 높이 40~60cm로서 많은 가지가 갈라지며 속은 비어 있다. 근경은 짧고 끝에 근생엽이 뭉쳐 난다.

이용방법

이른 봄에 어린순을 나물로 해서 먹는다. 독성분을 없애기 위해 데쳐서 흐르는 물에 이틀 정도 담가 충분히 우려내야 한다. 맛이 좋은 것도 아니므로 가급적 식용하지 않는 것이 좋다.

303

제비꽃

잎은 피침형이 삭과로서 넓은타원모양이고 3갈래로 벌어진다. 꽃은 보라색 또는 짙은 자색으로 4~5월에 피며, 줄기는 없다. 근경은 길이 3~10mm이며 암갈색의 뿌리가 있다. 지상경이 없이 뿌리잎이 뭉쳐 난다.

이용방법

이른 봄에 어린순을 뿌리와 함께 나물로 먹는다. 약간 쓴맛이 나므로 데쳐서 우려내야 한다.

조뱅이

근생엽은 꽃이 필 때 쓰러지며 줄기잎은 긴 타원상 피침형이고 수과는 타원형 또는 달걀모양으로서 길이 3mm정도이며 털이 없고 8~9월에 익는다. 꽃은 암수딴그루며 5~8월에 피고 자주색이며 줄기에 줄이 있고 자줏빛을 띠며 윗부분에서 가지가 적게 갈라지고 거미줄털이 있거나 없다. 근경은 길고 가로 뻗으면서 번식하여 군집을 이룬다.

이용방법

봄에 어린순을 나물로 해먹거나 국을 끓여 먹을 수 있다.

307

좁쌀냉이

잎은 어긋나기하며 엽병이 있고 홀수깃모양 겹잎으로 갈라지며 열편에 불규칙한 톱니가 있다. 열매는 장각과, 길이 2cm로서 작은 종자가 많이 들어 있으며 2개로 잘 터진다. 꽃은 4~5월에 피고 흰색이며 줄기는 높이가 20cm에 달하고 곧추 자라며 전체에 털이 있고 가지가 갈라지지만 황새냉이처럼 길게 뻗지는 않는다.

이용방법

봄철에 된장국에 넣어서 국거리로 먹거나 데쳐서 우려낸 것을 잘게 썰어 나물죽을 끓여먹기도 한다.

308

309

지칭개

근생엽은 꽃이 필 때까지 남아 있거나 없어지며 밑부분의 잎은 거꿀피침모양 또는 도피침상 긴 타원형이고 수과는 긴 타원형이며 암갈색이고 털이 없으며 관모는 우상이고 떨어지기 쉬우며 2줄이다. 꽃은 5~7월에 피고 홍자색의 통꽃만이며, 줄기는 곧게 서고 높이 60~80cm이며 속은 비어 있고 가지가 갈라진다.

이용방법

이른 봄에 겨울을 난 싹을 뿌리째 캐어 나물로 해먹는다. 때로는 국거리로 먹기도 한다.

311

질경이

많은 잎이 뿌리에서 퍼지며 잎은 타원형 또는 달걀모양이며 삭과는 꽃받침보다 2배 정도 길며 방추형이고 익으면 옆으로 갈라지면서 뚜껑이 열리고 6~8개의 흑색 종자가 나온다. 꽃은 6~8월에 피며 백색이고 원줄기는 없고 많은 잎이 뿌리에서 나와 옆으로 비스듬히 퍼진다. 근경은 짧고 수염뿌리와 뿌리잎이 뭉쳐 난다.

이용방법

봄부터 초여름까지 잎과 뿌리를 나물 또는 국을 끓여 먹으며 생잎은 쌈으로 먹기도 한다.

짚신나물

잎은 어긋나기하며 잎표면은 녹색으로 털이 성글게 있으며 뒷면은 담록색으로서 털이 더 많다. 수과는 도원추형으로 술잔모양의 꽃턱에 싸여 세로로 능선이 있고 8~9월에 익는다. 꽃은 6~8월에 피고 황색이다. 높이 30~100cm이며 전체에 털이 나 있고 가지가 갈라진다.

이용방법

이른 봄에 어린싹을 나물로 먹는다. 쓴맛이 강하므로 데쳐서 우려낸 다음 식용한다.

315

천문동

잎은 미세한 막질 또는 짧은 가시로서 줄기에 흩어져 난다. 과실은 장과로서 백색이며 구형이고 지름 6mm정도로서 그 속에 1개의 검은색 종자가 들어 있다. 꽃은 5~6월에 피고 담황색이며 원줄기는 덩굴성이고 길게 자라며 가늘고 평활하다. 근경은 짧고 많은 방추형의 뿌리가 사방으로 퍼지며 길이 5~15cm이다.

이용방법

뿌리는 약용 외에 식용으로도 쓰이는데 소금 한줌을 넣고 조려서 정과를 만들고 술에 담그거나 반찬거리로도 이용한다.

317

풀솜나물

근생엽은 여러개가 나와서 꽃이 필 때도 그대로 남아 있으며 선상 거꿀피침모양이고 수과는 길이 1mm 정도로서 점이 있고 관모는 약 3mm로서 흰색이다. 꽃은 5~7월에 피며 줄기는 높이 8~25cm이고 1~10개가 한군데에서 나오며 전체가 백색 털로 덮여 있고 밑부분에 옆으로 뻗는 가지가 있다.

이용방법

어린 잎과 순을 데쳐서 나물로 이용한다.

319

피마자

잎은 어긋나기하고 엽병이 길며 방패같고 열매는 삭과로 3실이고 대개 겉에 가시가 나며 각 실에 종자가 1개씩 들어 있다. 꽃은 8~9월에 피고 연한 황색, 연한 홍색이며 줄기는 높이가 2m에 달하며 가지가 나무처럼 갈라지고 줄기는 원기둥 모양이다.

이용방법

어린잎을 나물로 이용하고 말려서 사용한기도 한다. 말린 피마자잎을 물에 불렸다가 삶은 후 쌈으로 이용하기도 한다.

식물용어

가

- 거치[serra, 鋸齒] : 톱니. 톱날의 이처럼 잎 가장자리의 모양이 뾰족뾰족한 부분.
- 건과[dry fruit, 乾果] : 목질로 되거나 수분이 거의 없는 열매.
- 견모[slkiness, 絹毛] : 비단 같은 털을 이름
- 결각[incison, lobation, 缺刻] : 잎의 가장자리가 깊이 패어 들어감. 또는 그런 부분. 무, 가새뽕나무 따위의 잎 등.
- 경침[thorn, 梗鍼, 莖針] : 줄기의 한 부분이 변화되어 생긴 가시. 탱자나무, 매화나무, 분지나무, 찔레나무 등.
- 골돌(과)[follicle, dehisce, 膏葖(果), 骨突(果)] : 여러개의 씨방으로구성되어있으며, 1개의봉선을 따라 벌어지고 1개의 심피안에 1개또는 여러개의종자가들어 있는열매로 분과(分果)라고도 함. 예 ; 목련, 목단, 작약, 투구꽃, 붓순나무, 박주가리
- 광타원형[oval, 廣楕圓形] : 긴 지름과 짧은 지름의 차가 적고 원형에 가까운 타원형
- 괴경[tuber, 塊莖] : 덩이줄기. 식물의 땅속에 있는 줄기 끝에 양분을 저장하여 감자처럼 뚱뚱해진 땅속줄기를 말한다. 감자, 돼지감자, 튤립 등
- 괴근[tuberous root, 塊根] : 덩이뿌리. 뿌리가 비대하여 덩이를 형성하는 것으로 다수의 눈이 있어서 영양생식을 한다. 순무, 고구마, 다알리아 등
- 구경[bulb, corms, 球莖] : 알줄기. 노출된 줄기가 비대하여 구상(球狀)으로 변한 것
- 구과[cones, 毬果] : 방울열매. 나자식물의 대표적인 열매 형태. 낙우송과 식물, 측백나뭇과 식물, 소나뭇과 식물 등의 열매

- 구근[bulb, 球根] : 알뿌리. 구근류(球根類) = 알뿌리 식물. 개화구(開花球) = 심고 당년 내지 익년도 개화기에 꽃을 피울 수 있는 구근 : 급첨두[mucronate, 急尖頭] : 잎 끝이 가시처럼 급히 뾰족한 것. 잎맥이 자라서 잎 끝이 가시처럼 뾰족한 것
- 기근[aerial root, pneumatophore, 氣根] : 공기뿌리. 식물의 땅위줄기 및 땅속에 있는 뿌리에서 나와 공기 가운데 노출되어 있는 뿌리.
- 기수우상복엽[odd pinnate, compound leaf, 奇數羽狀複葉] : 홀수깃모양겹잎. 잎줄기 좌우에 몇 쌍의 작은 잎이 짝을 이루어 달리고 그 끝에 한 개의 작은 잎으로 끝나는 깃모양 겹잎. 등나무, 초피나무 등
- 꽃자루[peduncle, flower stalk, 花梗(화경), 花柄(화병)] : 직접꽃이 달리는 작은 가지로 꽃을 받치고 있다. 꽃자루를 여러개 달고 있는 큰 가지를 꽃줄기라고도 한다.

나

- 난형[ovalness, 卵形] : '달걀꼴'로 순화. 달걀을 세로로 자른면과 같이 한쪽이 넓고 갸름하게 둥근모양(아랫부분이 넓은 모양)
- 납질[waxy, 蠟質] : 초를 바른 듯이 표면에 윤기가 있는 것
- 낭과[utricle, 囊果] : 고추나무나 새우나무의 열매 처럼 베개 또는 주머니처럼 생긴 모양의 열매.
- 누두형[funnel form, 漏斗形] : 병꽃나무꽃처럼

깔대기와 같은 모양
- 능형[rhomboid, 菱形] : 마름모 또는 다이아몬드형인 모양

다

- 단맥[uninervis, 單脈] : 주맥 1개만이 발달하고 측맥이 없는 것
- 단성화[unisexual flower, 單性花] : 한꽃에 암술과 수술 중 한 가지만 존재하는 꽃.
- 단신복엽[unifoliate, unifoliate compound leaf, 單身複葉] : 잎사귀가 하나여서 홑잎 같으나 잎자루에 마디처럼 작은 잎이 있다. 귤, 유자 등
- 단엽[simple leaf, unifoliate, 單葉] : 잎자루에 1개의 임몸이 붙어 있는 잎
- 단정화서[solitary inflorescence, 單頂花序] : 꽃대의 꼭대기에 단 한 개의 꽃이 붙는 꽃차례. 튤립, 개양귀비 꽃, 목련, 모란 등
- 단화과[monothalmic fruit, 單果] : 홑열매. 홑암술이 성숙해서 생긴 열매.
- 덩굴손[creeper, tendril, cirrus, 卷鬚(권수)] : 가지나 잎이 실처럼 변하여 다른 물체를 감아 줄기를 지탱하는 가는 덩굴.
- 도란형[obovate, 倒卵形] : 달걀을 꺼꾸로 세운 형상
- 도심장형[obcordate, 倒心臟形] : 심장을 거꾸로 세운 듯한 잎의 모양
- 도피침형[oblanceolate, 倒披針形] : 식물의 잎 모양이 거꾸로 된 피침 모양. 떡쑥의 잎, 덧나무의 잎, 노랑만병초의 잎 등이 있다.

- 두상화서[capitulum, 頭狀花序] : 두상꽃차례. 무한화서의 한가지로 여러 꽃이 꽃대 끝에 모여붙어 머리모양을 이루어 한 송이의 꽃처럼 보임.
- 둔두[obtuse, 鈍頭] : 잎사귀, 꽃받침 조각, 꽃잎따위의 끝이 무딘 것.
- 둔저[leaf base, 鈍底] : 잎의 밑양쪽 가장자리가 90° 이상의 각을 이루고 있는것

마

- 막질[membranous, scarious, 膜質] : 얇은 막같은 잎의 재질
- 맥[vein, nerve, 脈, 葉脈] : 잎맥. 잎에 형성된 관다발(유관속계(維管束系))을 말하며 잎 속의 물과 양분의 이동통로이다.
- 면모[tomentose hairs, 綿毛] : 식물의 줄기, 잎, 꽃 등에 가늘고 부드러운 털이 밀생함
- 무한화서[indefinite inflorescence, 無限花序] : 무한꽃차례. 아래쪽이나 가장자리에 있는 꽃부터 피기 시작하여 위쪽으로 피어 가는 꽃차례.
- 미상[caudate, 尾狀] : 잎 끝이 갑자기 좁아져서 꼬리처럼 길게 자란 모양
- 미상화서[ament, 尾狀花序] : 미상꽃차례. 꼬리처럼 된 모양의 꽃이 줄기나 가지에 배열되는 모양. 또 꽃을 붙인 줄기나 가지.
- 밀선[honey gland, nectary, 蜜腺] : 꿀샘. 꽃받침, 꽃잎, 수술, 심피 또는 꽃바침이 변하여 꿀을 내는 것.

식물용어

바

- 반곡[revolute, 反曲] : 잎 등이 바깥쪽으로 감긴 것, 잎의 가장자리가 뒤로 젖혀진 것
- 방사형[radial form, actinocarpous, 放射型] : 중앙의 한 점에서 사방으로 바퀴살처럼 죽죽 내뻗친 모양
- 배상화서[cyathium, 盃狀花序] : 꽃대와 포엽이 변형하여 잔 모양으로 되는 작은 포엽(包葉)에 싸여 배상을 이루고, 그 속에 몇 개의 퇴화한 수꽃과 중심에 1개의 암꽃이 있음
- 복과[compound fruit, multiple fruit, 複果] : 여러 개의 꽃이 꽃차례를 이룬 채 성숙하여 한 개의 열매처럼 생긴 것.
- 복모[compound trichomes, 複毛] : 갈라진 털이나 돌기
- 복엽[compound leaf, 複葉] : 한 잎자루에 여러 개의 잎이 붙어 겹을 이룬 잎.
- 비늘줄기[bulb] : 줄기가 짧아져 그 주위에 양분을 저장하여 두껍게 된 잎이 많이 겹쳐 구형, 타원형, 달걀꼴을 이룬 지하경(파, 마늘, 나리등의 뿌리 따위).

사

- 삭과[capsule, 蒴果] : 과일의 속이 여러 칸으로 나뉘어져서 각 칸 속에 많은 종자가 들어있으며 익으면 과피(果皮)가 말라 갈라지면서 씨를 퍼뜨리며 여러 개의 씨방으로 된 열매
- 산방화서[corymb, 繖房花序] : 총상 꽃차례와 산형 꽃차례의 중간형이 되는 꽃차례이며, 꽃가지가 아래에서 위로 차례대로 달리지만 아래의 꽃가지 길이가 길어서 아래쪽에서 평평하고 가지런하게 핀다. 산사나무, 마타리, 수국, 산수국, 유채 등
- 산형화서[umbel, 傘形花序] : 꽃대의 끝에서 많은 꽃이 방사형으로 나와서 끝마디에 꽃이 하나씩 붙는다. 미나리, 산마늘, 부추
- 상과[sorosis, 桑果] : 복화과(複花果)의 하나. 짧은 꽃대에 많은 꽃이 엉겨서 피고 열매가 다닥다닥 열어 겉으로 보기에 한 개처럼 보인다.
- 선모[glandular hair, 腺毛] : 분피구조에 있어 단세포 또 다세포로 형성된 털모양의 부분을 말하며 통상 비분피세포의 병(柄)위에 붙어 있음.
- 설저[cuneate, 楔底] : 쐐기 모양으로 점점 좁아져 뾰족하게 된 잎저
- 설형[wedge-shaped, 楔形] : 쐐기의 형상. 쐐기 모양
- 섬모[cilia, trichome, 纖毛] : 솜털, 세모(細毛)
- 소엽[leaflet, foliole, 小葉] : 복엽에 달려 있는 작은 잎. 소엽(小葉)이 모여 엽(葉, leaf, lobe)으로 됨
- 소화경[pedicel, 小花梗] : 꽃과 가지를 연결하는 부위로 꽃자루에 붙어 꽃을 직접 받치고 있는 대
- 속생[fasciculate, 束生] : 뭉쳐나기. 잎, 꽃, 줄기, 가지 등 식물의 기관 일부가 서로 접근해서 다발과 같이 모여 나는 것
- 수과[achene, 瘦果] : 1실에 한 개의 씨가 들어 있고 얇은 과피에 싸이며 닭의 깃털과 같은 털이 나있는 것도 있다.
- 수상화서[spike, 穗狀花序] : 수상꽃차례. 꽃자루가 없거나 또는 짧아서 축에 접착하여 수상이 되어 있는 꽃차례로 무한 꽃차례의 하나.
- 시과[samara, key fruit, 翅果] : 씨방의 벽이 늘어나 날개 모양으로 달려 있는 열매

- 신장형[reniform, 腎臟形] : 콩팥과 같이 생긴 모양. 흔히 나무 잎사귀의 형태를 두고 이른다.
- 실편[scale, 實片] : 구과를 이루고 있는 비늘모양의 조각. 나선상으로 붙어 있는 경우가 많다.
- 심장저[cordate, heart-shaped, 心臟底] : 잎의 밑부분이 마치 심장의 밑처럼 생긴 것

아

- 악편[sepal, 顎片] : 꽃받침의 조각
- 양성화[bisexual flower, hermaphrodite flower, 兩性花] : 자웅동화. 한꽃안에 암술과 수술을 가지는 꽃. 매화, 무우 및 나팔꽃 등이 여기에 해당됨.
- 엽병[leaf stalk, petiole, 葉柄] : 잎몸과 가지와 연결된 자루로 식물의 잎을 지탱하는 꼭지부분(밑부분). 잎을 햇빛방향으로 바꾸는 작용을 함.
- 엽침[spine, 葉針] : 잎이 변하여 가시가 된 것
- 예거치[serrate, 銳鋸齒] : 가장자리가 톱니처럼 날카로운 것. 겹으로 뾰족한 톱같이 생긴 것을 중예거치(重銳鋸齒:double serrate)라 한다.
- 예두[acute, 銳頭] : 끝이 뾰족한 것. 비슷한 모양으로 점첨두, 급첨두가 있음
- 예저[acute, 銳底] : 밑 모양이 좁아지면서 뾰족한 것. 비슷한 모양으로 설저(楔底)가 있음
- 예철두[cuspidate, 銳凸頭] 첨 : 침 끝같이 뾰족한 잎 끝
- 우상맥[pinnately veined, 羽狀脈] : 새의 깃 모양으로 좌우로 갈라진 잎맥
- 우상복엽[pinnate compound leaf, 羽狀複葉] : 소엽이 총엽병의 좌우에 날개모양으로 달려 있는 잎

- 웅화서[male(staminate) catkin, 雄花序] : 수꽃의 꽃차례. 화분만을 이용할 수 있도록 인위적으로나 구조적으로 수꽃의 형태를 이룬 수이삭(雄穗).
- 원두[rounded leaf apex, 圓頭] : 잎 끝이 둥글게 생긴 것
- 원저[rounded leafbase, 圓底] : 잎의 밑부분이 둥글게 생긴 것
- 원추화서[panicle, 圓錐花序] : 하나의 꽃대에 여러 개의 총상화서가 붙어있어서 전체적인 모양이 원뿔모양인 꽃차례. 남천, 벼, 꼬리조팝, 금꿩의다리 등
- 유두상[papillate, papillose, 乳頭狀] : 표면에 작은 돌기물이나 융기물이 젖꼭지형상으로 있는 모양. (=젖꼭지모양)
- 육질[fleshy, 肉質] : 잎몸이나 과육을 이루는 세포가 깊고 두꺼운 것
- 은화과[syconus, 隱花果] : 꽃이삭이 다육질인 단지 모양으로 되어 그 안속에 과실이 달리는 과실의 형으로 무화과나무, 천선과나무 등
- 이가화[dioecious, 二家花] : 암꽃과 수꽃이 각각 다른 그루에 달려 있는 꽃. 자웅이주(雌雄異株)라고도 한다.
- 인엽[scaly leaf, 鱗葉] : 비늘조각잎. 비늘모양의 잎. 향나무의 경우 인엽과 침엽이 섞여있다
- 일가화[monoecious, 一家花] : 암꽃과 수꽃이 한 그루에 달려있는 꽃. 자웅동주(雌雄同株)라고도 한다.

식물용어

자

- **자웅동주[monoecious, 雌雄同株]** : 암수 한 그루. 암꽃과 수꽃이 한 그루에 함께 달려 있는 것. 일가화라고도 함.
- **장과[berry, bacca, juice fruit, succulent fruit, 漿果]** : 과육과 액즙이 많고 속에 씨가 들어 있는 과실. 감, 귤, 포도 따위가 있다.
- **장상맥[palmately vein, 掌狀脈]** : 손모양 맥. 잎자루의 끝에서 여러 개의 주맥(主脈)이 뻗어 나와 손바닥 모양으로 된 엽맥. 단풍잎, 포도 잎 등
- **장상복엽[palmate compound leaf, 掌狀複葉]** : 한 개의 잎자루에 여러 개의 작은 잎이 손바닥처럼 방사상으로 붙은 겹잎을 이른다.
- **장타원형[oblong, ellipse, 長楕圓形]** : 길이가 너비의 2배 이상 길고, 양쪽 가장자리가 평행한 모양
- **점첨두[acuminate, 漸尖頭]** : 점점 길게 뾰족해진 잎 끝
- **종피[seed coat, testa, spornioderm, 種皮]** : 씨껍질.
- **주맥[main vein, mid-vein, 主脈]** : 잎의 한가운데 있는 가장 큰 잎맥. 중륵(中肋)이라고도 함.
- **중성화[neutral flower, 中性花]** : 암술과 수술이 모두 없는 꽃. 종자 식물의 꽃에 암술·수술이 퇴화되었다든가 발육이 불완전하여 종자를 만들지 못하는 꽃
- **지하경[rhizome, rootstock, subterranean stem, 地下莖]** : 땅속줄기. 땅속에 있는 식물의 줄기. 연(蓮)의 뿌리줄기, 감자의 덩이줄기, 토란의 알줄기, 백합의 비늘줄기 등

차

- **차상맥[dichotomous vein, 叉狀脈]** : 서로 엇갈려 갈라지면서 계속 이어지는 잎맥
- **총상화서[raceme, 總狀花序]** : 무한 꽃차례의 하나. 긴 꽃대에 꽃자루가 있는 여러 개의 꽃이 어긋나게 붙어서 밑에서부터 피기 시작하는 꽃
- **총포[involucre, 總苞]** : 잎이 변하여 꽃, 열매의 밑둥을 싸고 있는 비늘 같은 조각.
- **취과[aggregate fruit, 聚果]** : 심피 또는 꽃받침이 육질로 되고 많은 소핵과로 구성되어 있는 열매; 산딸나무, 까마귀밥나무속
- **취산화서[cyme, centrifugal inflorescence, 聚散花序]** : 먼저 꽃대 끝에 한 개의 꽃이 피고 그 주위의 가지 끝에 다시 꽃이 피고 거기서 다시 가지가 갈라져 끝에 꽃이 핀다. 미나리아재비, 수국, 자양화, 작살나무, 백당나무 따위가 있다.

타

- **탁엽[stipple, 托葉]** : 턱잎. 엽병 밑의 가지와 닿은 부분의 좌우에 비늘과 같은 잎이 달려 있는 것

파

- 평활[glabrous, 平滑] : 잎 표면에 털이 없고 밋밋한 것
- 포복경[surface runner, creeping stem, 匍匐莖] : 기는줄기. 땅 위로 기어서 뻗는 줄기. 고구마 줄기, 수박 줄기, 딸기 줄기 따위이다.
- 풍매화[anemophilous, 風媒花] : 바람에 의하여 수분이 되는 꽃.

하

- 합판화[sympetalous, compound[gamopetalous] flower, 合辦花] : 꽃잎이 서로 붙어서 한 개의 꽃판을 이루는 꽃. 진달래, 도라지꽃, 철쭉, 호박꽃, 배꽃등
- 핵과[drupe, 核果] : 장과(漿果)의 하나. 씨가 굳어서 된 단단한 핵으로 싸여 있는 열매로, 외과피는 얇고 중과피는 살과 물기가 많다.
- 혁질[coriaceous, 革質] : 가죽과 같이 두껍고 광택이 있는 잎
- 협과[legume, 莢果] : 열매가 꼬투리로 맺히며 성숙한 열매가 건조하여지면 심피 씨방이 두 줄로 갈라져 씨가 튀어 나온다.
- 호생[alternate, 互生] : 한 마디에 잎이 서로 어긋나기로 달리는 것.
- 화경[peduncle, 花梗] : 꽃자루. 꽃이 달리는 짧은 가지.
- 화관[corolla, 花冠] : 꽃잎 전체를 이르는 말. 꽃받침과 함께 꽃술을 보호한다.

- 화서[inflorescence, 花序] : 꽃대에 달린 꽃의 배열, 또는 꽃이 피는 모양.
- 화피[perianth, tepal, perigone, 花被] : 꽃받침과 꽃잎을 합친 이름.

327

산나물 · 들나물 대백과사전

초판 1쇄 발행 2017년 06월 15일
초판 6쇄 발행 2024년 10월 15일
엮은이   장호일
발행인   이범만
발행처   **21세기사**
등 록 제406-2004-60015호
주 소 경기도 파주시 산남로 72-16 (10882)
Tel. 031-942-7861   Fax. 031-942-7864
E-mail : 21cbook@naver.com
Home-page : www.21cbook.co.kr
ISBN 978-89-8468-731-8